技工院校“十四五”规划动漫设计专业系列教材
中等职业技术学校“十四五”规划艺术设计专业系列教材

二维动画软件基础应用

赵奕民　邓兴兴　苏俊毅　主编
徐红英　陈志敏　副主编

华中科技大学出版社
http://www.hustp.com
中国·武汉

内容提要

本书讲解了常用的两种二维动画软件 Animate CC 2019 和 After Effects CC 2019 的使用方法，以朴素的语言、翔实的案例，全面介绍了以上两种软件的常用知识点。本书的内容共分为七个项目。项目一至项目五介绍 Animate CC 2019 操作界面以及软件的基本操作、图形绘制与对象编辑、动画制作初步、图层与高级动画、交互动画与编程。项目六和项目七介绍 After Effects 2019 的使用（侧重后期处理），主要从动态图形设计、字符动画设计、动态插画设计三个方面进行讲解。

本书内容丰富，结构清晰，语言简练，图文并茂，具有很强的实用性。教学实践以学生为主体，强化教学互动，以项目方式把知识点融入每一个学习任务中，可操作性强。本书适合中职院校、技工院校学生学习使用，注重关键技能的培养和训练，并将其融入教学设计，应用于课堂理论教学和实践教学，达到以教材引领教学和指导教学的目的。

图书在版编目（CIP）数据

二维动画软件基础应用 / 赵奕民，邓兴兴，苏俊毅主编．— 武汉：华中科技大学出版社，2021.6

ISBN 978-7-5680-7286-1

Ⅰ．①二… Ⅱ．①赵… ②邓… ③苏… Ⅲ．①二维－动画制作软件 Ⅳ．① TP391.414

中国版本图书馆 CIP 数据核字 (2021) 第 119104 号

二维动画软件基础应用

Erwei Donghua Ruanjian Jichu Yingyong

赵奕民　邓兴兴　苏俊毅　主编

策划编辑：金　紫
责任编辑：赵　萌
装帧设计：金　金
责任监印：朱　玢
出版发行：华中科技大学出版社（中国·武汉）　电　话：（027）81321913
武汉市东湖新技术开发区华工科技园　邮　编：430223
录　排：天津清格印象文化传播有限公司
印　刷：湖北新华印务有限公司
开　本：889mm×1194mm　1/16
印　张：10
字　数：307 千字
版　次：2021 年 6 月第 1 版第 1 次印刷
定　价：59.80 元

技工院校“十四五”规划动漫设计专业系列教材
中等职业技术学校“十四五”规划艺术设计专业系列教材
编写委员会名单

编写委员会主任委员

编委会委员

总主编

文健，教授，高级工艺美术师，国家一级建筑装饰设计师。全国优秀教师，2008 年、2009 年和 2010 年连续三年获评广东省技术能手。2015 年被广东省人力资源和社会保障厅认定为首批广东省室内设计技能大师，2019 年被广东省教育厅认定为建筑装饰设计技能大师。中山大学客座教授，华南理工大学客座教授，广州大学建筑设计研究院室内设计研究中心客座教授。出版艺术设计类专业教材 120 种，拥有具有自主知识产权的专利技术 130 项。主持省级品牌专业建设、省级实训基地建设、省级教学团队建设 3 项。主持 100 余项室内设计项目的设计、预算和施工，项目涉及高端住宅空间、办公空间、餐饮空间、酒店、娱乐会所、教育培训机构等，获得国家级和省级室内设计一等奖 5 项。

合作编写单位

（1）合作编写院校

广州市工贸技师学院
佛山市技师学院
广东省交通城建技师学院
广东省轻工业技师学院
广州市轻工技师学院
广州白云工商技师学院
广州市公用事业技师学院
山东技师学院
江苏省常州技师学院
广东省技师学院
台山敬修职业技术学校
广东省国防科技技师学院
广东工业大学华立学院
广东省华立技师学院
广东花城工商高级技工学校
广东岭南现代技师学院
广东省岭南工商第一技师学院
阳江市第一职业技术学校
阳江技师学院
广东省粤东技师学院
惠州市技师学院
中山市技师学院
东莞市技师学院
江门市新会技师学院
台山市技工学校
肇庆市技师学院
河源技师学院
广州市蓝天高级技工学校
茂名市交通高级技工学校
广州城建技工学校
清远市技师学院
梅州市技师学院
茂名市高级技工学校
广东汕头市高级技工学校
广东省电子信息高级技工学校
东莞实验技工学校
珠海市技师学院
广东省工业高级技工学校
广东省工商高级技工学校
深圳市携创高级技工学校
广东江南理工高级技工学校
广东羊城技工学校
广州市从化区高级技工学校
肇庆市商业技工学校
广州造船厂技工学校
海南省技师学院
贵州省电子信息技师学院
广东省民政职业技术学校
广州市交通技师学院

（2）合作编写组织

广州市赢彩彩印有限公司
广州市壹管念广告有限公司
广州市璐鸣展览策划有限责任公司
广州波镨展览设计有限公司
广州市风雅颂广告有限公司
广州质本建筑工程有限公司
广东艺博教育现代化研究院
广州正雅装饰设计有限公司
广州唐寅装饰设计工程有限公司
广东建安居集团有限公司
广东岸芷汀兰装饰工程有限公司
广州市金洋广告有限公司
深圳市千千广告有限公司
广东飞墨文化传播有限公司
北京迪生数字娱乐科技股份有限公司
广州易动文化传播有限公司
广州市云图动漫设计有限公司
广东原创动力文化传播有限公司
菲逊服装技术研究院
广州珈钰服装设计有限公司
佛山市印艺广告有限公司
广州道恩广告摄影有限公司
佛山市正和凯歌品牌设计有限公司
广州泽西摄影有限公司
Master 广州市熳大师艺术摄影有限公司

序言

技工教育和中职中专教育是中国职业技术教育的重要组成部分，主要承担培养高技能产业工人和技术工人的任务。随着“中国制造 2025”战略的逐步实施，建设一支高素质的技能人才队伍是实现规划目标的必备条件。如今，随着国家对职业教育越来越重视，技工和中职中专院校的办学水平已经得到很大的提高，进一步提高技工和中职中专院校的教育、教学和实训水平，提升学生的职业技能，弘扬和培育工匠精神，已成为技工和中职中专院校的共识。而高水平专业教材建设无疑是技工和中职中专院校教育特色发展的重要抓手。

本套规划教材以国家职业标准为依据，以综合职业能力培养为目标，以典型工作任务为载体，以学生为中心，根据典型工作任务和工作过程设计教材的项目和学习任务。同时，按照工作过程和学生自主学习的要求进行教材内容的设计，实现理论教学与实践教学合一、能力培养与工作岗位对接合一、实习实训与顶岗工作合一。

本套规划教材的特色在于，在编写体例上与技工院校倡导的教学设计项目化、任务化，课程设计教实一体化，工作任务典型化，知识和技能要求具体化等要求紧密结合。体现任务引领实践导向的课程设计思想，以典型工作任务和职业活动为主线设计教材结构，同时以职业能力培养为核心，将理论教学与技能操作融合为课程设计的抓手。在理论讲解环节做到简洁实用，深入浅出；在实践操作训练环节，体现以学生为主体，创设工作情境，强化教学互动，让实训的方式、方法和步骤清晰，可操作性强，适合技工学生练习，并能激发学生的学习兴趣，调动学生主动学习。

本套规划教材由全国 40 余所技工和中职中专院校动漫设计专业 60 余名教学一线骨干教师与 20 余家动漫设计公司一线动漫设计师联合编写。校企双方的编写团队紧密合作，取长补短，建言献策，让本套规划教材更加贴近专业岗位的技能需求，也让本套规划教材的质量得到了充分的保证。衷心希望本套规划教材能够为我国职业教育的改革与发展贡献力量。

技工院校“十四五”规划动漫设计专业系列教材
中等职业技术学校“十四五”规划艺术设计专业系列教材　总主编

教授 / 高级技师　文健

2021 年 5 月

前言

高技能人才是支持国家由“中国制造”迈向“中国智造”甚至“中国创造”的关键因素。技工院校在培养面向生产、服务、管理一线技术人才时，需要构建出以学生为本，注重培养学生专业技能、创新能力和创新精神的综合职业能力培养体系。在课程建设上坚持需求导向的原则，按照企业生产需求和岗位技能要求研发学校课程，通过工学结合的一体化教学模式将教学与实训和工作岗位技能紧密衔接，促使技工院校技能人才培养的层次和规模与经济社会发展更加匹配。

Animate CC 2019 和 After Effects CC 2019 两款二维动画软件在二维动画制作行业中应用广泛，可以用来开发和制作融合视频、声音、图形和动画的动画项目。本书以技工院校倡导的教学设计项目化、任务化，课程设计教、学、做一体化，工作任务典型化，知识和技能要求具体化的要求为编写原则，紧密联系二维动画制作员岗位的典型工作任务，在内容设计上体现动画制作任务引领动画制作方法的思路。从软件基本操作到实战故事剧本的编写和动画的制作，将整个二维动画的创作流程完整地呈现出来。本书为读者快速掌握二维动画软件提供了轻松的学习与实践平台，无论是基础知识讲解还是实践应用能力训练，都充分考虑了技工院校学生的实际情况，快速达到理论知识与应用能力的同步提高。对二维动画软件尚无使用经验的学生，采用由浅入深、由易及难的讲解方式，以便他们可以根据个人对软件的掌握情况，循序渐进地学习。

本书在理论讲解环节做到了所用即所学，力求简洁实用，在实践操作训练环节体现以学生为主体的教学理念，使师生在本书创设的工作情境中，易于实现教学互动，让动画制作实训的方式、方法和步骤清晰明确，可操作性强，并能激发学生的学习兴趣，促进学生主动学习。可以有效促进技工院校专业技能人才培养教学质量的提升，为学生综合职业能力提高创造良好的硬件和软件平台。一体化课程体系的优化、教学模式的实施，均可以为学生的理论学习和技能、职业素养的培养提供重要保证。

本书以培养二维动画制作技能人才为目的，注重学生综合应用能力的培养，重点突出实践。教学中教师以引导者、咨询者的身份出现，引导学生通过主动获取知识培养学习的自主性和责任心。学习过程中不要求学生做以刻意追求故事情节为目的的作品设计，而是要求学生养成良好的动画制作思维习惯，学会独立分析二维动画作品的创作思路，从而摆脱学生看书会做、合书两眼空的技能教学现状。

本书由阳江市第一职业技术学校赵奕民、广州市交通技师学院邓兴兴、佛山市技师学院苏俊毅任主编，由广东省轻工业技师学院徐红英、广州市轻工技师学院陈志敏任副主编，其中项目一由赵奕民编写，项目二、三由徐红英编写，项目四由苏俊毅编写，项目五由陈志敏编写，项目六、七由邓兴兴编写。全书由广州城建职业学院科研副院长文健教授主审。

为确保编写质量，本书得到了许多动画制作实践教学经验丰富的一线教师提供的宝贵编写建议，书中选用的实例均来自于教师们的日常教学积累，在此谨向这些为本书编写提供大力支持的老师致以诚挚的谢意。另外要特别感谢文健教授在编写工作中给予的指导、鼓励与支持。

虽然编写团队倾尽全力编写本书，但鉴于编者能力所限，书中疏漏和管见之处必亦有之，诚望使用本书的教师、学生及其他读者给予批评指正，以便我们持续改进。

赵奕民

2021 年 3 月

课时安排（建议课时 72）

项目	课程内容	课时	
项目一 Animate CC 2019 基础入门	学习任务一　Animate CC 2019 操作界面	4	8
	学习任务二　Animate CC 2019 基本操作	4	
项目二 图形绘制与对象编辑	学习任务一　图形绘制基础	4	12
	学习任务二　对象编辑	4	
	学习任务三　文本的编辑	4	
项目三 动画制作初步	学习任务一　元件与库	4	8
	学习任务二　动画基础	4	
项目四 图层与高级动画	学习任务一　遮罩层与动画	4	20
	学习任务二　引导层与动画	4	
	学习任务三　骨骼运动与 3D 动画	4	
	学习任务四　多场景动画	4	
	学习任务五　导出与发布	4	
项目五 交互动画与编程	学习任务一　动作面板基础	4	8
	学习任务二　控制动画操作	4	
项目六 After Effects CC 2019 动画基础入门	学习任务一　After Effects CC 2019 操作界面	4	12
	学习任务二　动态图形设计	4	
	学习任务三　字符动画设计	4	
项目七 MG 动画制作	学习任务一　动态插画设计	4	8
	学习任务二　角色动画设计	4	

目录

项目一
Animate CC 2019 基础入门

学习任务一　Animate CC 2019 操作界面

学习任务二　Animate CC 2019 基本操作

Animate CC 2019 操作界面

教学目标

（1）专业能力：能通过讲解 Animate CC 2019 工作界面，让学生对 Animate CC 2019 界面的功能有全面了解。

（2）社会能力：具备 Animate CC 2019 软件的自主学习和操作能力。

（3）方法能力：实训中能多问、多思考、多动手；课后在专业技能上主动多拓展实践。

学习目标

（1）知识目标：了解 Animate CC 2019 界面的功能。

（2）技能目标：能够设置不同使用需求的工作界面；能够对界面中各部分进行简单操作。

（3）素质目标：能够理解记忆 Animate CC 2019 软件界面的知识，根据需求快速找到工具和选项，培养自己熟练操作软件的能力。

教学建议

1. 教师活动

教师讲解 Animate CC 2019 界面的功能和操作方法，指导学生进行课堂实训。

2. 学生活动

认真听取教师的讲解，观看教师示范，在教师的指导下进行课堂实训。

一、学习问题导入

同学们，大家好！本次课我们一起来学习 Animate CC 2019 的启动方法，并了解该软件的工作界面，包括菜单栏、工具箱、时间轴、场景与舞台、属性面板和浮动面板等。希望同学们通过本次课的学习，可以全面认识 Animate CC 2019 的工作界面，为今后的操作实践打下扎实基础。

二、学习任务讲解与技能实训

1. 启动 Animate CC 2019 软件

双击桌面的 Animate CC 2019 快捷方式图标 An ，启动 Animate CC 2019 程序，进入初始界面；也可以在【开始】菜单找到 Animate CC 2019 软件，单击进行启动。

在弹出的主屏幕（见图 1-1）上选择 创建 （其他默认）创建一个新文档“无标题 -1”，进入 Animate CC 2019 的工作界面。

2.Animate CC 2019 的工作界面

Animate CC 2019 的工作界面主要由以下几部分组成：菜单栏、工具箱、时间轴、场景与舞台、属性面板、浮动面板。具体如图 1-2 所示。

（1）菜单栏。

包括文件（F）、编辑（E）、视图（V）、插入（I）、修改（M）、文本（T）、命令（C）、控制（O）、调试（D）、窗口（W）和帮助（H）。具体如图 1-3 所示。

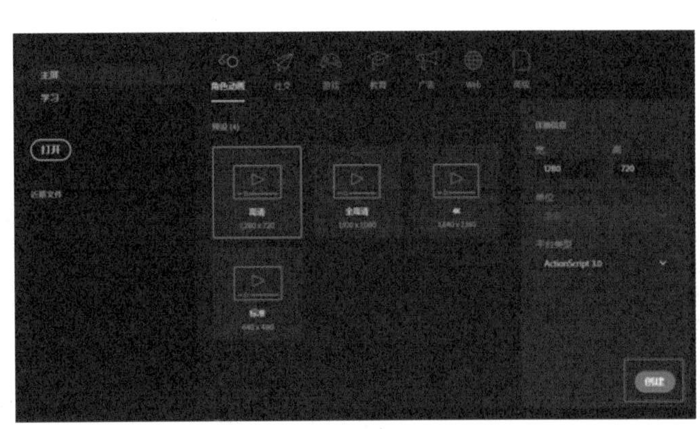

图 1-1

图 1-2

文件(F) 编辑(E) 视图(V) 插入(I) 修改(M) 文本(T) 命令(C) 控制(O) 调试(D) 窗口(W) 帮助(H)

图 1-3

（2）工具箱。

选择【窗口】→【工具】，或按 Ctrl+F2 组合键可以打开工具箱，如图 1-4 所示。用鼠标点击一个工具，即可选择该工具。如果工具的右下角带有三角形图标，表示这是一个工具组，在工具上单击鼠标右键即可弹出隐藏的工具。

（3）时间轴。

时间轴位于舞台下方。整个面板包含动画和时间轴自身的回放控件，时间轴以线性方式依次显示动画中的事件序列。如同老电影胶片，以帧为单位定义时间。左边为图层控制区，右边为时间线控制区。时间轴的主要组件包括层、帧和播放头。具体如图 1-5 所示。

（4）场景与舞台。

舞台是所有动画元素的最大可视活动空间，影片输出时能够显示的区域。场景就好比多幕剧一样，可以有多个场景同时存在。要查找特定场景，选择【视图】→【转到】，在子菜单中选择特定场景名称。具体如图 1-6 所示。

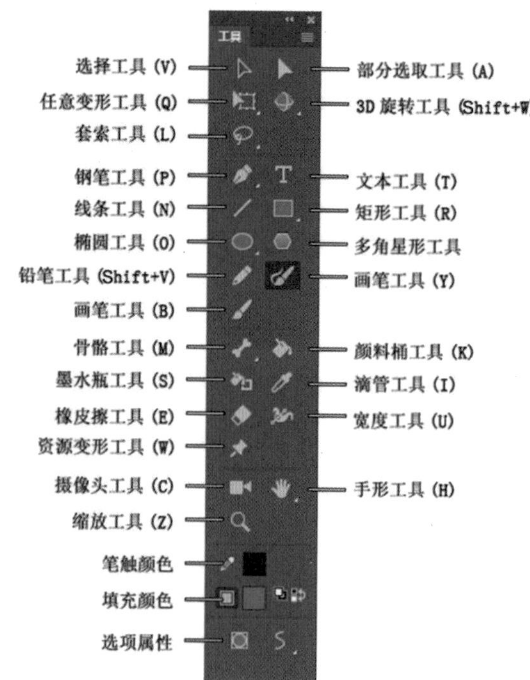

图 1-4

图 1-5

图 1-6

（5）属性面板。

使用属性面板，可以很容易地查看和变更其属性。当选定某个对象时，属性面板可以显示该对象相应的信息和设置。图 1-7 所示即为选择【椭圆工具】时的【属性】面板。

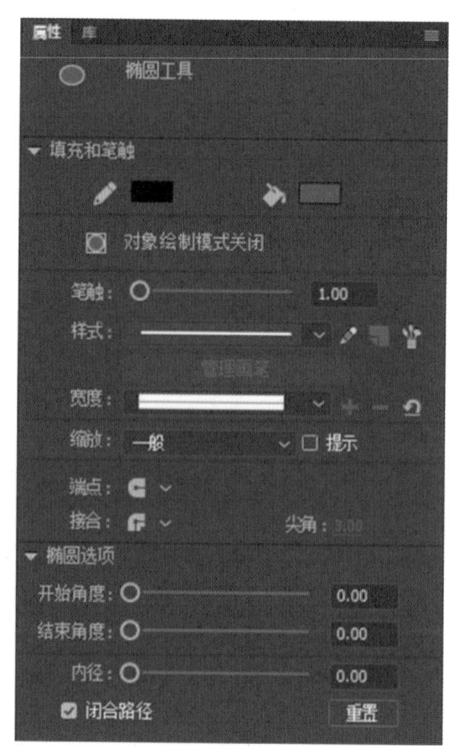

图 1-7

（6）浮动面板。

使用浮动面板可以查看、重组、更改资源。因为屏幕大小有限，为了使工作区最大化，很多工具收罗在停靠区。单独的面板可以自由组合。具体如图 1-8 所示。

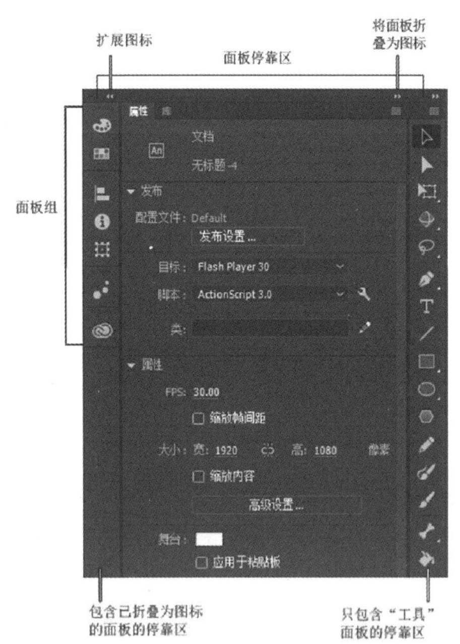

图 1-8

三、学习任务小结

通过本次课的学习，同学们对 Animate CC 2019 工作界面有一定的认识。同学们课后还要复习本次课讲解的知识点，并通过操作软件熟悉界面。同时，记住工具命令和快捷键，为后续的软件操作做好准备。

四、课后作业

（1）如何缩放舞台的显示比例？

（2）如何隐藏属性栏？选定不同的对象，看看属性栏有何变化。

Animate CC 2019 基本操作

教学目标

（1）专业能力：熟悉 Animate CC 2019 的文件操作，了解 Animate CC 2019 首选参数设置，以及标尺的使用和网格的设置。

（2）社会能力：具备基础软件操作能力。

（3）方法能力：软件操作能力、实践动手能力。

学习目标

（1）知识目标：熟悉 Animate CC 2019 的文件操作。

（2）技能目标：掌握 Animate CC 2019 的文件操作方法，并能设置 Animate CC 2019 的参数。

（3）素质目标：能够理解记忆 Animate CC 2019 的文件操作方法、Animate CC 2019 首选参数设置和标尺的使用以及网格的设置等相关知识，能根据需求快速找到工具和选项。

教学建议

1. 教师活动

教师讲解和示范 Animate CC 2019 的文件操作方法，并指导学生进行课堂实训。

2. 学生活动

认真听取和观看教师的讲解和示范，在教师的指导下进行课堂实训。

一、学习问题导入

本次课主要介绍 Animate CC 2019 的文件操作方法，老师先进行讲解和示范，同学们认真聆听老师的讲解，并在老师的指导下进行课堂实训。通过本次课的学习，同学们可以更加熟悉 Animate CC 2019 的工作界面和文件操作方法。

二、学习任务讲解与技能实训

1. Animate CC 2019 文件操作

（1）新建文件。

在菜单栏中选择【文件】菜单，在弹出的下拉菜单中选择【新建】菜单项，或者按 Ctrl+N 快捷键，弹出【新建】对话框，如图 1-9 所示。【预设】选项根据需要选择（这里我们默认 1280×720），也可在详细信息中自定义大小，平台类型默认 ActionScript 3.0，然后单击【创建】，新建一个名为“无标题 -1”的空白文档。具体如图 1-10 所示。

（2）从模板新建。

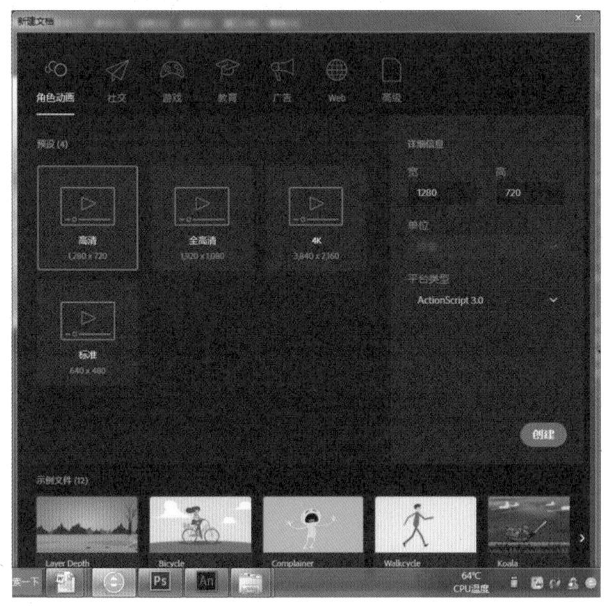

图 1-9

图 1-10

选择【文件】菜单，在弹出的下拉菜单中选择【从模板新建】菜单项，或者按 Ctrl+Shift+N 快捷键，弹出【从模板新建】对话框，如图 1-11 所示。选择合适的类别和模板后单击【确定】，新建一个模板文档。借鉴模板可以提高文件编辑的效率。

（3）打开文件。

在菜单栏中选择【文件】菜单，在弹出的下拉菜单中选择【打开】菜单项，或者按 Ctrl+O 快捷键，弹出【打开】对话框，如图 1-12 所示。选择需要再次编辑的文件，单击右下方【打开（O）】按钮，进入软件操作界面。

图 1-11

图 1-12

（4）保存文件。

选择【文件】菜单下的【保存】菜单项，或者按 Ctrl+S 快捷键，弹出【另存为】对话框，如图 1-13 所示。输入文件名，单击【保存（S）】按钮，即可将文件保存到默认的路径。

如果选择【文件】菜单下的【另存为】菜单项，或者按 Ctrl+Shift+S 快捷键，弹出【另存为】对话框，输入文件名，单击【保存（S）】按钮，可将文件以另一个文件名保存，不会影响和覆盖之前编辑的文件。相当于生成一个不同阶段的副本文件。

2. Animate CC 2019 首选参数设置

选择【编辑】菜单下的【首选参数】菜单项，或者按 Ctrl+U 弹出【首选参数】对话框，如图 1-14 所示。可以对【常规】、【代码编辑器】、【脚本文件】、【编译器】、【文本】、【绘制】等参数进行设置。

图 1-13

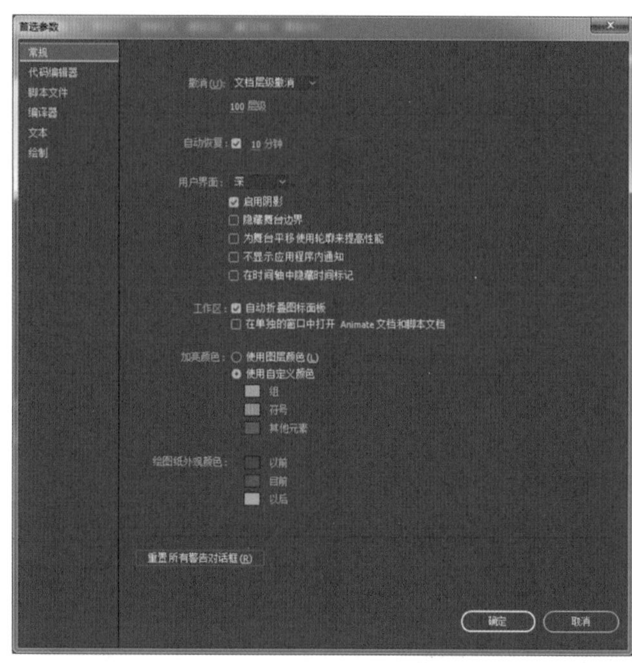

图 1-14

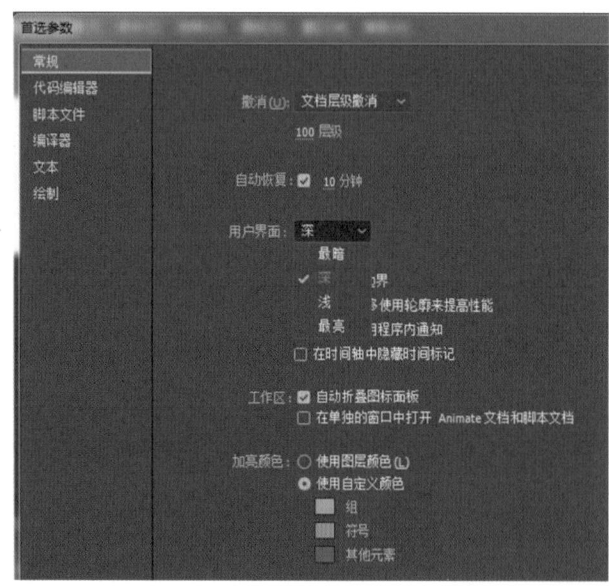

图 1-15

我们以用户界面颜色为例，介绍一下【首选参数】的设置方法。

单击【常规】下的【用户界面】的下拉按钮，如图 1-15 所示。用户界面可以设置为“最暗”“深”“浅”“最亮”四个模式。可以把用户界面设置为个人喜欢的风格。

3. 显示网格

使用 Animate CC 2019 软件绘制一些规则的图形时，需要用到网格功能。可以在【视图】菜单下的【网格（D）】子菜单中选择【显示网格（D）】，或按 Ctrl+’快捷键打开，如图 1-16 所示。在舞台中可以看到网格，并使用它。

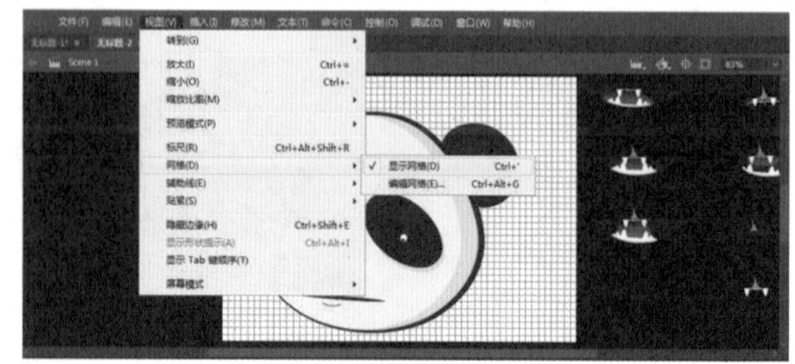

图 1-16

在【视图】菜单下的【网格（D）】子菜单中选择【编辑网格（E）】打开【网格】对话框，如图 1-17 所示。可以对网格的大小、颜色、在对象上方显示、贴紧至网格等属性进行设置。

4. 创建与使用标尺

编辑对象时，为了快速定位图形位置，可以使用标尺功能。选择【视图】菜单下的【标尺】子菜单，或按 Ctrl+Shift+Alt+R 快捷键，就会在舞台上方和左侧显示标尺，如图 1-18 所示。

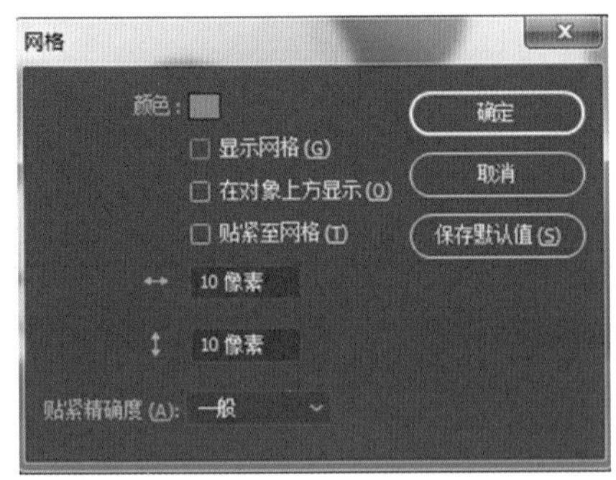

图 1-17

图 1-18

在显示的标尺上单击鼠标不松手，向舞台中拖动鼠标，可以创建标尺参考线。如果要删除标尺参考线，单击标尺参考线不松手，拖动鼠标至舞台外即可。

三、学习任务小结

通过本次课的学习，同学们已经初步掌握了 Animate CC 2019 的文件操作方法、Animate CC 2019 首选参数设置和标尺的使用以及网格的设置。课后，大家要反复练习这些操作方法，做到熟能生巧。

四、课后作业

（1）将用户界面设置为浅色。

（2）如何将显示的网格隐藏?

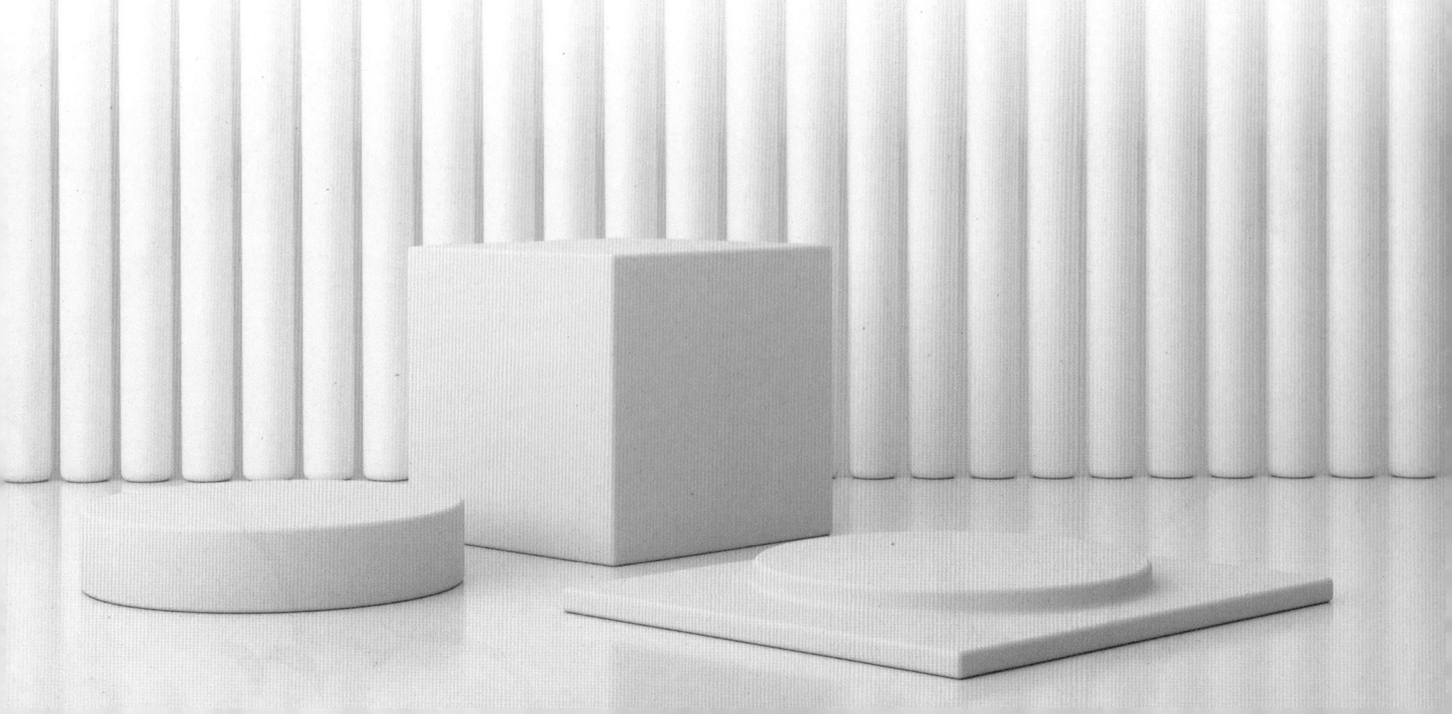

项目二
图形绘制与对象编辑

学习任务一　图形绘制基础

学习任务二　对象编辑

学习任务三　文本的编辑

图形绘制基础

教学目标

（1）专业能力：掌握线条工具、铅笔工具、钢笔工具、椭圆工具、矩形工具和多边星形工具的使用方法，提高手绘能力。

（2）社会能力：养成善于动脑，勤于思考，及时发现问题的学习习惯；能收集、归纳和整理动画案例，并进行相关特点分析。

（3）方法能力：细致的观察能力和描绘能力，熟练的绘制能力。

学习目标

（1）知识目标：掌握 Animate 软件绘图工具的使用方法。

（2）技能目标：能综合应用 Animate 提供的绘图工具绘制出动画需要的造型、背景或道具。

（3）素质目标：能根据学习要求与安排进行信息收集与分析整理，具备团队协作能力和一定的语言表达能力。

教学建议

1. 教师活动

（1）教师通过前期收集的网络动画展示，提高学生对动画的直观认识。同时，运用多媒体课件、教学视频等多种教学手段，讲授 Animate 软件绘图工具的学习要点，指导学生进行二维动画造型、背景和道具的绘制。

（2）通过展示、分析与绘制动画角色和图形，指导学生运用 Animate 软件中的各种绘图工具，提高学生的手绘能力。

（3）教师通过对优秀动画角色和图形作品的展示，让学生感受如何从日常生活和各类型设计案例中提炼设计元素，并创造性地进行重组和绘制。

2. 学生活动

（1）观察各种表情包，尝试思考和说出动画角色和图形的特点，根据老师的绘制思路，使用不同绘图工具绘制动画角色和图形。

（2）观看教师的示范，分析与绘制动画角色和图形，掌握 Animate 软件动画绘制思路，提高手绘能力。

一、学习问题导入

在制作动画的过程中，需要绘制出动画角色和图形。要使作品具有艺术感和创新感，创作者不但要有较好的审美修养，还应善于使用 Animate 软件中的各种绘图工具。本次课将介绍 Animate 基本图形绘制工具的使用方法，包括线条工具、铅笔工具、钢笔工具、椭圆工具、矩形工具和多边星形工具等，提高学生的手绘能力。图形是 Animate 动画的基础，掌握绘图工具的使用方法对于制作 Animate 动画作品至关重要。

二、学习任务讲解与技能实训

1. 钢笔工具

（1）认识钢笔工具。

使用【钢笔工具】可以自由、精确地创建和编辑矢量图形。它不仅可以绘制直线、曲线，而且还可以调整路径上的节点，其属性与【直线工具】相同。在绘图过程中，【钢笔工具】会显示不同指针，这些指针反映当前的绘制状态。其中，各种状态下指针的含义如下。

初始锚点指针：该指针是选择【钢笔工具】后看到的第一个指针，指示下一次在舞台上单击鼠标时将创建初始锚点，它是新路径的开始，所有新路径都以初始锚点开始，可以终止任何现有的绘画路径。

连续锚点指针：该指针指示下一次单击鼠标时将创建一个锚点，并用一条直线与前一个锚点相连接。在创建所有用户定义的锚点（路径的初始锚点除外）时，显示此指针。

添加锚点指针：该指针指示下一次单击鼠标时，将向现有路径添加一个锚点。如果要添加锚点，必须选择路径，并且【钢笔工具】不能位于现有锚点的上方，根据其他锚点重绘现有路径，一次只能添加一个锚点。

删除锚点指针：该指针指示下一次在现有路径上单击鼠标时，删除一个锚点。如果要删除锚点，必须用【部分选取工具】，选择路径，并且指针必须位于现有锚点的上方，根据删除的锚点重绘现有路径，一次只能删除一个锚点。

连续路径指针：该指针表示可以从现有锚点扩展新路径。如果要激活此指针，鼠标必须位于路径上现有锚点的上方。仅在当前未绘制路径时，此指针才可用。锚点未必是路径的终端点，任何锚点都可以是连续路径的位置。

闭合路径指针：该指针表示正在绘制的路径的起始点处于闭合路径。只能闭合当前正在绘制的路径，并且现有锚点必须是同一个路径的起始锚点。最后生成的闭合路径没有将任何指定的填充颜色设置应用于封闭形状，我们可以通过【填充工具】单独向该闭合路径填充颜色。

连接路径指针：该指针除了鼠标不能位于同一个路径的初始锚点上方外，与闭合路径工具基本相同。该指针必须位于唯一路径的任一端点上方，可以选中路径段，也可以不选中路径段。

转换锚点指针：该指针可以将不带方向线的角点转换为带有独立方向线的角点。如果要启用转换锚点工具，可以按 C 键。

（2）操作方法。

选择【钢笔工具】后，属性栏转换成【钢笔工具】属性，如图 2-1 所示。会变成钢笔的状态，绘制直线路径，其方法与【线条工具】相似。如果绘制曲线，那么在使用【钢笔工具】，将放置在舞台上建立第一个锚点后，将光标指向其他位置。单击并按住不松开时，可拖动有弧线控制杆的钢笔路径，松开建立第二个锚点，一条曲线的绘制就完成了，如图 2-2 所示。

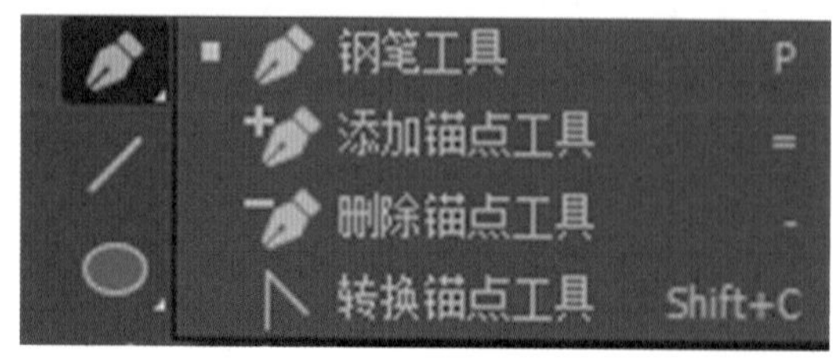

图 2-1

图 2-2

（3）绘制方法指导。

绘制线条或形状时，将创建一个名为“路径”的线条。路径由一个或多个直线段和曲线段组成，线段的起始点和结束点由锚点标记，就像用于固定线的针。路径可以是闭合的，如圆，也可以是开放的，有明显的终点，如波浪线。可以通过拖动路径的锚点，显示在锚点方向线末端的方向点或路径本身，改变路径的形状。路径具有两种锚点：角点和平滑点。在角点处，路径可以突然改变方向；在平滑点处路径段连接为连续的曲线。我们可以通过角点和平滑点的任意组合绘制路径。

另外，如果绘制的点类型有误，可以随时更改。在绘制路径时，角点可以连接任何两条直线段或曲线段，而平滑点始终连接两条曲线段。因此，不能将角点和平滑点与直线段和曲线段相混淆。路径轮廓称为笔触，而运用到开放或闭合路径内部区域的颜色或渐变色称为填充。笔触具有粗细、颜色和虚线图案，创建路径或形状后，可以更改其笔触和填充的属性。

在属性栏调整颜色、笔触大小和样式，如图 2-3 所示。在开放路径上再使用【钢笔工具】继续连接端点光标的右下角会有一条斜杠 （如果是重新起点的话，光标右下角是 * 形），使之成为封闭图形，可以填充颜色；使用【部分选取工具】，改变任意点的调节，如果在【钢笔工具】下，可按住 Ctrl 键选中任意锚点调节弧度，按住 Alt 键可调节一边的控制杆，如图 2-4 所示。

图 2-3

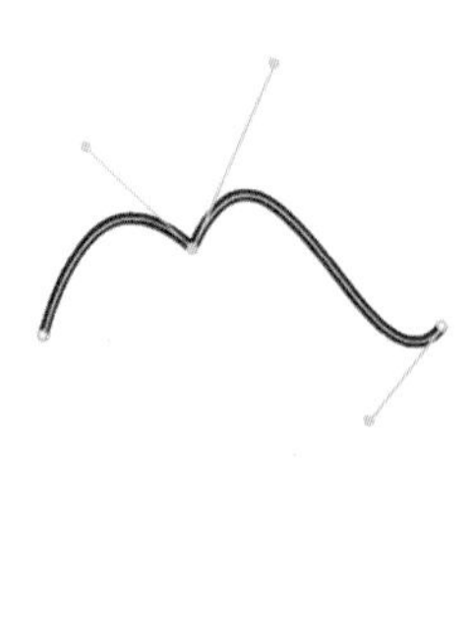

图 2-4

（4）绘制技能实训。

使用【钢笔工具】绘制中国传统云纹，如图 2-5 所示，绘制过程中可按住 Alt 键调整控制杆，也可以通过【钢笔工具】下的【增加锚点工具】和【删除锚点工具】来增加和减少锚点，使图形线条更加流畅。

图 2-5

2. 线条工具

（1）认识线条工具。

在 Animate 软件中，绘制直线的工具有多种，【线条工具】是其中最简单的工具，可以直接绘制所需直线。如果线条的颜色、样式及粗细等不符合要求，可以通过【属性】面板进行设置。【线条工具】默认设置是“黑色、实线、1”。

（2）操作方法。

用 点击【线条工具（N）】，选取工具栏中的【线条工具】，在【属性】面板中设置线条的颜色、宽度和线型，如图 2-6 所示。在场景中绘制直线的起点处单击 左键并拖动 到终点处松开 即可，按住 Shift 键的同时，可以绘制水平、垂直或与水平方向成 45° 角的直线。

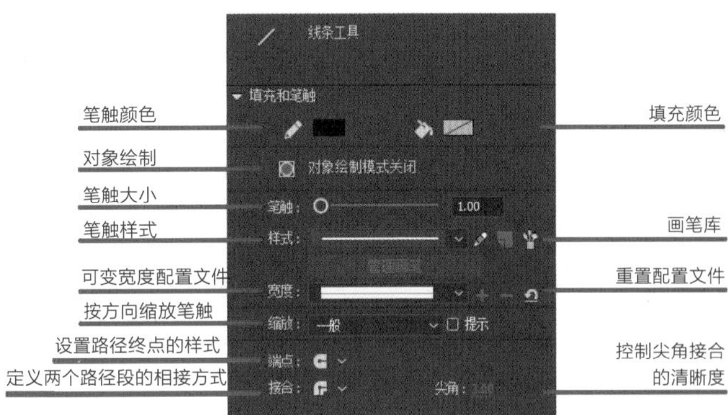

图 2-6

（3）绘制方法指导。

画完线条后，可调节端点的形状，如图 2-7 所示。【无】和【方形】是有差别的，把线条转换成对象模式后，就可以看出差别，【无】时端点正好在图形边上，【方形】时端点在图形里面。

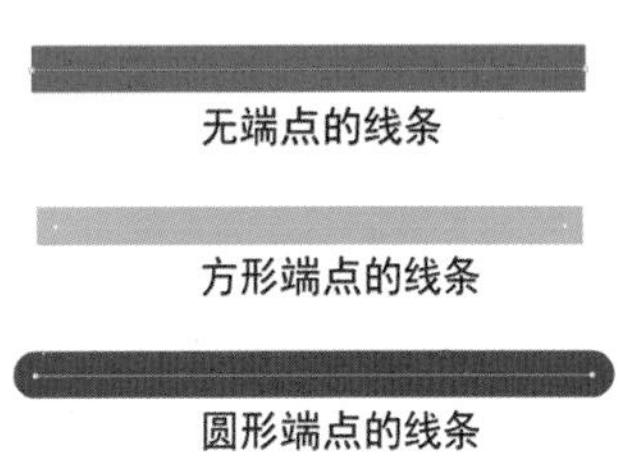

图 2-7

（4）知识精讲。

结合新加的【宽度工具】可以改变线条的形状，具体使用方法为先画好一条直线，选择【宽度工具】，鼠标会变成实心小三角形，右下角有一条波浪线，把鼠标放在直线上，直线上会出现一个小节点，小节点出现的位置就是要拉宽的位置，按下鼠标不放，拖动鼠标拉宽到适当位置，可以在多个小节点上拉宽，这个工具方便画对称图形（如葫芦形），拉宽后的图形可以【扩展填充】，由描边状态变为填充状态，如图 2-8 所示。

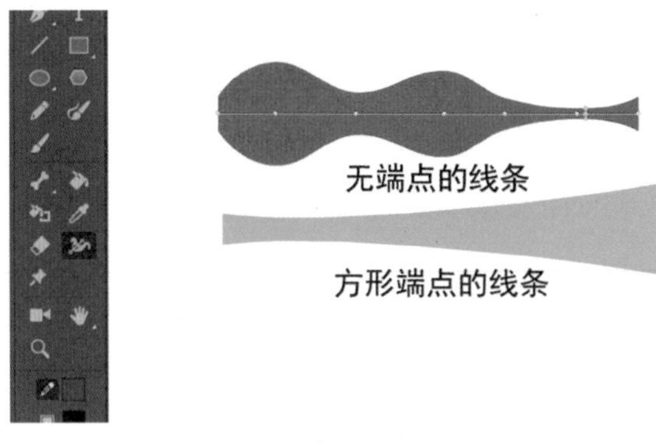

图 2-8

3. 矩形工具和基本矩形工具

（1）认识矩形工具和基本矩形工具。

【矩形工具】和【基本矩形工具】都是几何形状绘制工具，用于创建矩形、正方形和圆角矩形。在属性栏中，可以设置矩形的【填充和笔触】、【矩形选项】的参数，如图 2-9 所示。【基本矩形工具】的属性栏多了【位置和大小】，如图 2-10 所示。

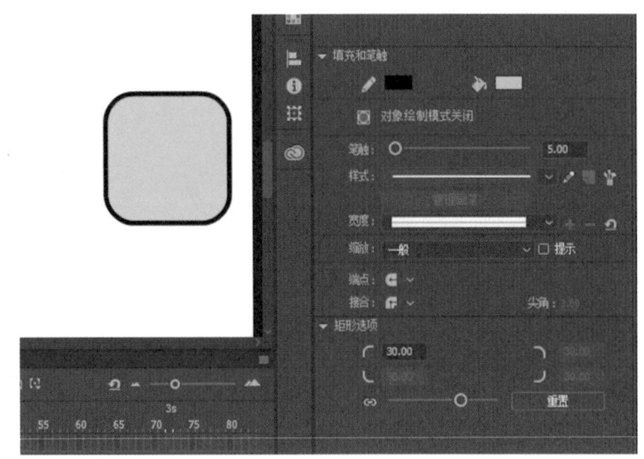

图 2-9

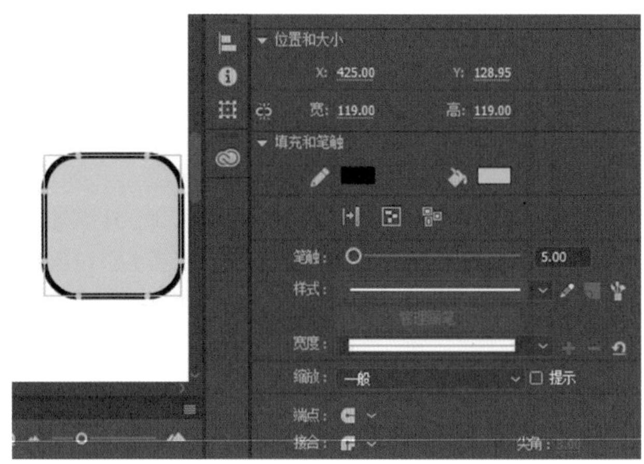

图 2-10

（2）操作方法 。

①单击工具箱中的【矩形工具】按钮，设置好笔触大小和颜色、填充色颜色。

②在场景中绘制图形的起点处单击鼠标左键，并拖动鼠标到终点处松开鼠标即可。

③【基本矩形工具】与【矩形工具】的画法一样，但【基本矩形工具】最大的特点是四个角可以通过拖动变成圆角，圆角的具体度数可以在属性栏下面输入，也可以滑动最下面的滑杆调节角度，往右滑是正数，往左滑是负数，负数时可变成凹角矩形。

（3）绘制方法指导。

按住 Shift 键可以绘制正方形，按住 Alt 键可以绘制以鼠标单击位置为中心的矩形，按住 Shift+Alt 组合键，可以绘制以鼠标单击位置为中心的正方形。单击【属性】面板上的【重置】按钮，可以重新设置圆角参数值。

4. 椭圆工具和基本椭圆工具

（1）认识椭圆工具。

【椭圆工具】和【基本椭圆工具】属于几何形状绘制工具，用于创建各种比例的椭圆形，也可以绘制各种比例的圆。在属性栏中，可以设置椭圆的【填充和笔触】、【椭圆选项】的参数，【基本椭圆工具】的属性栏多了【位置和大小】。

（2）操作方法。

①单击工具箱中的【椭圆工具】按钮，设置好笔触大小和颜色、填充颜色。

②在场景中绘制图形的起点处单击鼠标左键，并拖动鼠标到终点处松开鼠标即可。

③选中【基本椭圆工具】，按住 Shift 键画正圆，鼠标放在圆心上之后，会变成黑色实心小三角，直接拖动鼠标使圆变成圆环，也可以调节开放或闭合的角度。

（3）绘制方法指导。

按住 Shift 键可以绘制圆形，按住 Alt 键可以绘制以鼠标单击位置为中心的椭圆，按住 Shift+Alt 组合键，可以绘制以鼠标单击位置为中心的圆形。

5. 多角星形工具

（1）认识多角星形工具。

【多角星形工具】属于几何形状绘制工具，用于创建各种比例的多边形，也可以绘制各种比例的星形。在属性栏中，可以设置多边形或星形的笔触的颜色、填充的颜色、轮廓线的粗细程度以及多角星形的轮廓类型等。

（2）操作方法。

其操作方法和【矩形工具】以及【椭圆工具】的类似，先在工具箱中选择【多角星形工具】，这时工作区中的光标将变成一个十字形，此时便说明可以在工作区中绘制多角星形了。然后可以在其【属性】面板中设置各个参数。先将光标移至工作区中，在需要绘制多角星形的大致区域按住鼠标左键不放，然后沿着需要绘制多角星形的方向拖动鼠标，并在适当的位置释放鼠标，工作区内就会出现一个有着填充颜色和轮廓的多角星形，此时绘制多角星形的操作就算完成了。

（3）绘制方法指导。

【多角星形工具】的【属性】面板如图 2-11 所示。除了有很多选项与【矩形工具】以及【椭圆工具】的类似外，还可以利用更多的参数设置绘制出更多的图形。单击【多角星形工具】的【属性】面板下的【选项】按钮，弹出右侧【工具设置】对话框，如图 2-12 所示。其各个选项的含义如下：【样式】有两个选项，默认是“多边形”选项，另外还有一个“星形”选项可供用户选择；【边数】用来设置多边形或者星形的边数；【星形顶点大小】设置星形顶点的大小。

图 2-11

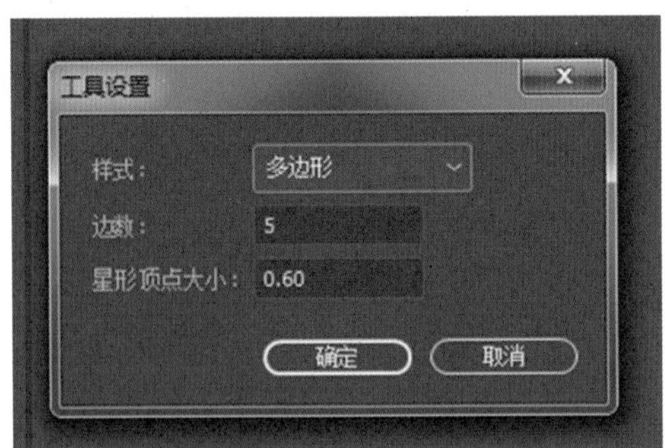

图 2-12

6. 铅笔工具

（1）认识铅笔工具。

使用【铅笔工具】绘图与使用现实生活中的铅笔绘图非常相似，【铅笔工具】常用于在指定的场景中绘制线条和图形。

（2）操作方法。

【铅笔工具】可以任意地绘制线段，在选项区中可以选择三种使用模式：伸直、平滑、墨水。可以使用【铅笔工具】徒手绘制图形，也可以根据需要选择不同的铅笔类型，如果配合手写板进行绘制，更能体现出【铅笔工具】快速准确的特点。伸直：选择伸直模式，绘制的图形线段会根据绘制的方式自动调整为平直的线段或圆弧。平滑：选择平滑模式，所绘制直线被自动平滑处理，平滑是动画绘制中首选设置。墨水：选择墨水模式，所绘制直线接近手绘，即使很小的抖动，都可以体现在所绘制的线条中。

（3）绘制方法指导。

如果在绘制过程中按下 Shift 键，可以绘制水平或垂直的线段。如果按住 Ctrl 键，可以切换为【选择工具】，这时可以对线段进行“弯曲”更改等操作，松开 Ctrl 键，自动又变回【铅笔工具】。

7. 艺术画笔

（1）认识艺术画笔。

在工具栏中有两种画笔，这种有飘带的艺术画笔，使用方法与 Illustrator 软件的【艺术画笔】和【图案画笔】相同。与另一种画笔工具不同的是，【艺术画笔工具】是基于描边色状态。

（2）操作方法。

使用【艺术画笔工具】可以通过沿绘制路径应用所选艺术画笔的图案，绘制出风格化的画笔笔触，如图 2-13 所示。也可以将画笔笔触应用于现有的路径，使用【艺术画笔工具】在绘制路径的同时应用画笔笔触，还可以自定义图像的平滑输出效果。

图 2-13

（3）绘制方法指导。

在属性栏可以设置笔触颜色和大小，样式栏旁边的【编辑笔触样式】可以调整样式的形状，【画笔库】可以载入更多画笔样式和图案，如图 2-14 所示。

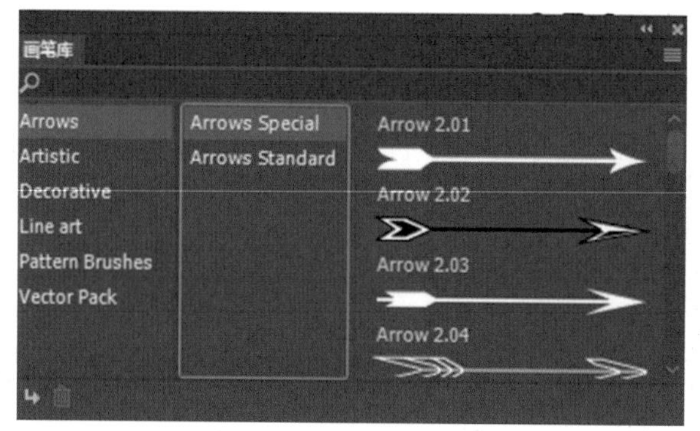

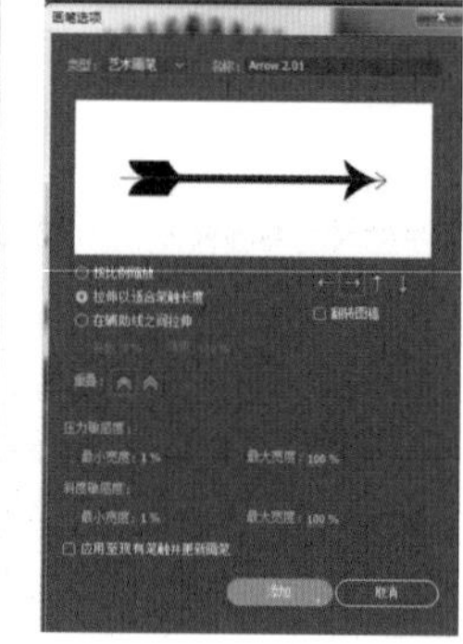

图 2-14

8. 画笔工具

（1）认识画笔工具。

和 Photoshop 的画笔工具类似，Animate 的画笔工具是基于填充色状态。

（2）操作方法。

可通过设置笔刷的形状和角度等参数来自定义画笔。通过定制【画笔工具】来满足绘图需要，可以在项目中创建更为自然的作品。选中工具箱中的【画笔工具】后，便可通过【添加自定义画笔形状】通道在 Animate 软件中选择、编辑及创建一个自定义画笔。

（3）绘制方法指导。

可选择画笔形状，图形是填充色状态，可以采用自定义的大小、角度及平直度创建自定义画笔，操作方法是：单击工具箱中的【画笔工具】，然后再单击【属性检查器】中的【画笔】设置旁边的【新建文件】按钮，如图 2-15 所示，在【笔尖选项】对话框中选择形状、指定角度和平滑度百分比，设置这些参数时可以预览画笔，如图 2-16 所示。

9. 综合绘制技能实训

（1）绘制 InDesign 标志。

单击工具栏中的【矩形工具】，然后在工具栏下面单击笔触颜色的色块，在弹出来的默认色板菜单中，单击右上角的红色斜线按钮，即取消轮廓线，最后，单击下面填充颜色的色块，在弹出来的默认色板菜单中选择颜色（R245， G64 ，B141），这样绘制出的图形就只有填充色，而没有轮廓色。接下来按住 Shift 键，在舞台按住鼠标左键进行拖曳，绘制一个没有轮廓线的矩形，如图 2-17 所示。

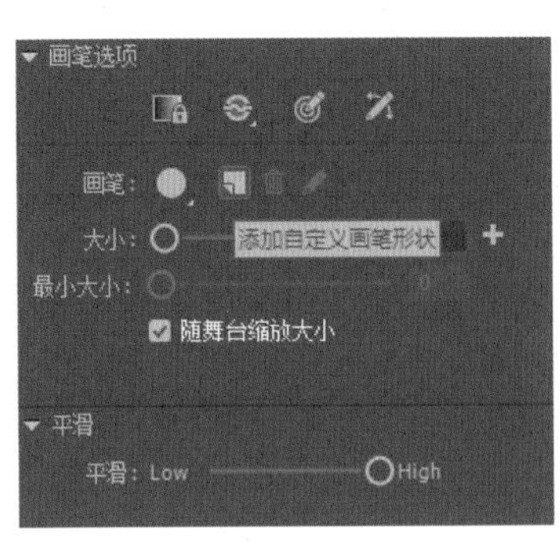

图 2-15

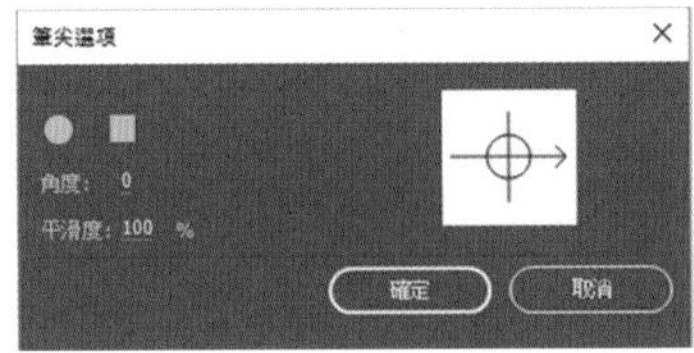

图 2-16

单击工具栏中的【任意变形工具】，选中刚才绘制好的矩形，按住 Ctrl+C 组合键复制矩形，再按 Shift+Ctrl+V 组合键复制该矩形，然后单击工具栏下面油漆桶旁边的色块，在弹出来的默认色板中选择黑色，这样复制的矩形就变成了黑色。移动黑色矩形四角的控制点，按住 Shift 键不放，按住鼠标左键进行拖曳，将黑色矩形整体等比例缩小，如图 2-18 所示。

单击工具栏中的【文本工具】，在舞台中单击后输入字符“Id”，注意区分“I”和“d”的大小写。选中字符“Id”，在字符面板中的【系列】下拉菜单中可以选择合适的字体，此外，大小属性用于改变字符的字号，大小字母间距属性用于改变字符之间的距离，文本颜色为 R245，G64，B141，如图 2-19 所示。

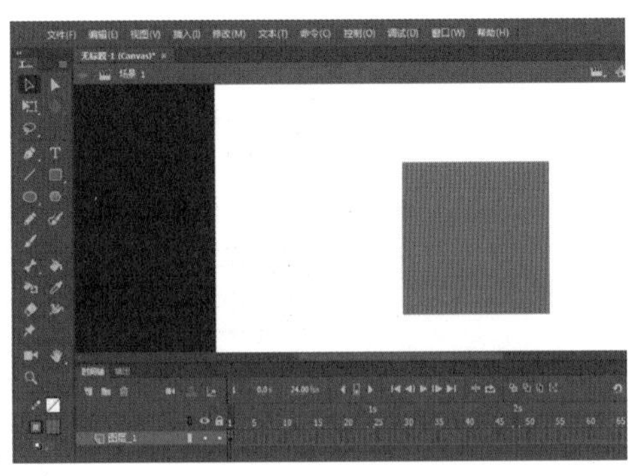

图 2-17

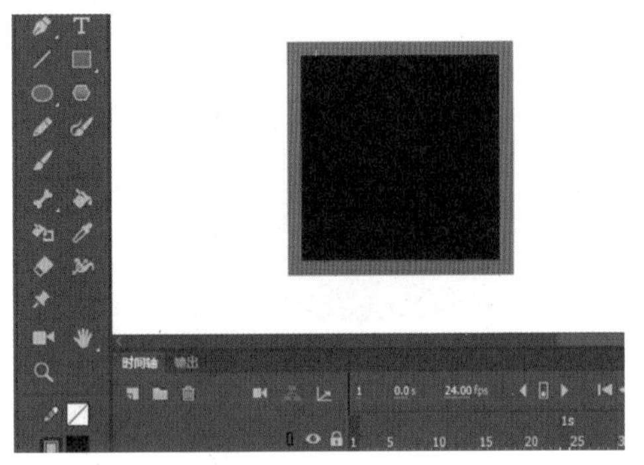

图 2-18

图 2-19

（2）绘制卡通闹钟。

绘制思路：这个卡通闹钟主要由背景、投影、闹钟主体、闹钟支脚和闹铃组成。主要点击【矩形工具】绘制蓝色底（大小为 200 像素 ×200 像素，填充色为 R155，G245，B244），如图 2-20 所示。使用【椭圆工具】绘制投影（无笔触，填充色 R26，G206，B205），如图 2-21 所示。继续使用【椭圆工具】绘制闹钟主体（笔触色为黑色，笔触大小为 5，填充色 R252，G83，B109），如图 2-22 所示。继续使用【椭圆工具】绘制闹铃部分（无笔触，填充色 R252，G83 ，B109），如图 2-23 所示。最后进行局部刻画，完成卡通闹钟的绘制，如图 2-24 ~图 2-27 所示。

图 2-20

图 2-21

图 2-22

图 2-23

图 2-24

图 2-25

图 2-26

图 2-27

（3）绘制表情包。

绘制思路：这个微笑表情主要由脸庞、眼睛、眉毛和嘴巴组成，不同表情的主要区别也在于这几个部分。绘制微笑表情时，首先使用【椭圆工具】和【钢笔工具】绘制脸庞、眉毛、眼睛和嘴，然后进行细部的刻画，并利用【铅笔工具】绘制微笑表情的眼睛，完成微笑表情线稿的绘制。

新建一个 Animate 的文档，600 像素 ×400 像素；在时间轴上修改图层名称为“脸庞”，如图 2-28 所示；使用【椭圆工具】，按住 Alt+Shift 键，在舞台中画一个正圆，取消笔触，填充色为橙色（R255，G153，B0）到黄色（R255，G255，B0）的径向渐变，如图 2-29 所示；新建图层，修改图层名称为“亮部”，使用【椭圆工具】，按住 Alt 键，在正圆上半部分画一个椭圆，取消笔触，填充色为白色（R255，G255，B255）到黄色（R255，G255，B0）的径向渐变；使用【渐变变形工具】把椭圆的中心上移，如图 2-30 所示。

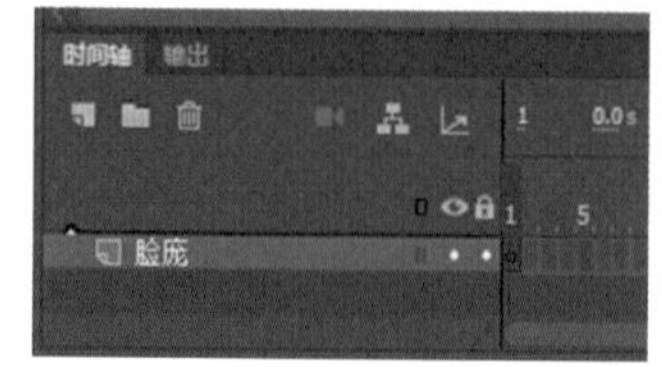

图 2-28

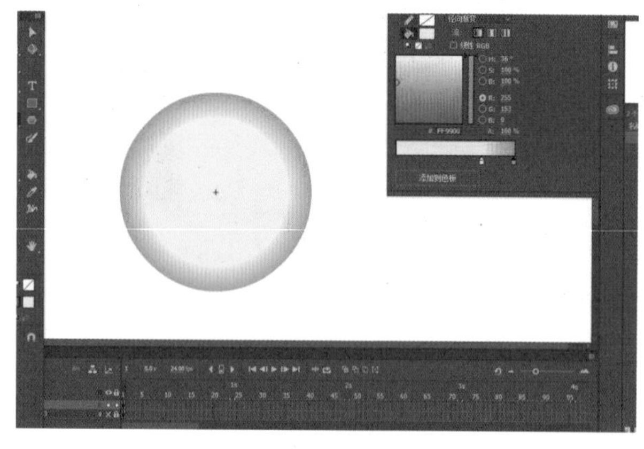
图 2-29

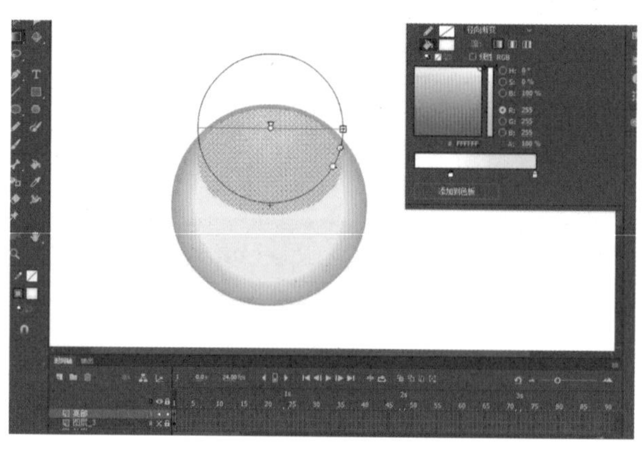
图 2-30

新建图层，修改图层名称为“眼睛”，使用【椭圆工具】，按住 Alt 键，在正圆上半部分画一个椭圆，取消笔触，填充色为深褐色（R130，G31，B10），再用【椭圆工具】画几个白色的亮点，最后按住 Alt 键向右复制一个相同的圆形，如图 2-31 所示；最后新建图层，运用【线条工具】完成嘴巴的绘制，如图 2-32 所示。

图 2-31

图 2-32

三、学习任务小结

通过本次课的学习，同学们对基本图形的绘制工具，包括线条工具、铅笔工具、钢笔工具、椭圆工具、矩形工具和多边星形工具等有了全面的认识。同学们课后需要复习本次课讲解的知识点，并通过操作实训熟悉这些工具的使用方法。同时，记住工具命令和快捷键，为后续的软件操作做好准备。

四、课后作业

练习线条工具、铅笔工具、钢笔工具、椭圆工具、矩形工具和多边星形工具的使用方法。

对象编辑

教学目标

（1）专业能力：能熟练掌握选择工具、部分选取工具、添加和删除锚点工具等图形调整工具的使用方法。

（2）社会能力：善于动脑，勤于思考，培养良好的实践动手能力。

（3）方法能力：细致的观察能力、精要的描述能力、熟练的绘制能力。

学习目标

（1）知识目标：掌握 Animate 软件图形编辑工具的使用方法。

（2）技能目标：能够制作简单的组合图形，并满足一定的动画需求。

（3）素质目标：能根据学习要求与安排进行信息收集与分析整理，并进行沟通与表达，具备团队协作能力和一定的语言表达能力，培养自己的综合职业能力。

教学建议

1. 教师活动

（1）教师通过前期收集的网络动画展示，提高学生对动画的直观认识。同时，运用多媒体课件、教学视频等多种教学手段，讲授 Animate 软件图形编辑工具的学习要点，指导学生绘制简单的组合图形。

（2）教师通过对优秀动画作品的展示，让学生感受如何从日常生活和各类型设计案例中提炼设计元素，并创造性地进行重组和绘制。

2. 学生活动

（1） 观察各种动画场景，尝试思考和描绘场景特点，根据老师的绘制思路，使用不同绘图工具绘制动画场景。

（2）观看教师的示范，分析与绘制动画角色和图形，掌握 Animate 动画绘制思路，提高手绘能力。

一、学习问题导入

仅使用绘图工具创建图形无法满足动画制作需求，这就需要对图形进行简单编辑和修改。而在对图形进行编辑之前，首先要选择图形。不同图形的编辑效果，需要使用不同的选择工具来选择相应的图形整体或者局部。而简单的图形编辑，如复制、移动、对齐、排列、编组等操作，则能够帮助学生了解组合图形的制作方法。还可以分别从线条的平滑程度，多个图形的合并与剪切的复杂组合操作，以及各种程度的对象变形操作等多个方面进行图形修改操作，从而得到更加复杂的图形对象。

二、学习任务讲解与技能实训

1. 选择工具

【选择工具】主要用来选取或者调整场景中的图形对象，并能够对各种动画对象进行选择，拖动改变尺寸等操作。

利用该工具选择对象，主要包括以下几种操作方法：单击可以选取某个色块或者某条曲线，如图 2-33 所示；双击可以选取整个色块以及其相连的其他色块和曲线等，如图 2-34 所示；如果在选取过程中按住 Shift 键，则可以同时选中多个动画对象，也就是选中多个不同的色块和曲线；在舞台上单击鼠标并拖动区域，可以选取区域中的所有对象。

【选择工具】不仅能够进行图形的选择，还能够改变图形的边缘显示效果。方法是：选择该工具后，将鼠标指向图形的边缘，当指针下方出现弧线时，单击并拖动鼠标，即可改变鼠标所指的图形边缘弧度效果，如图 2-35 所示。

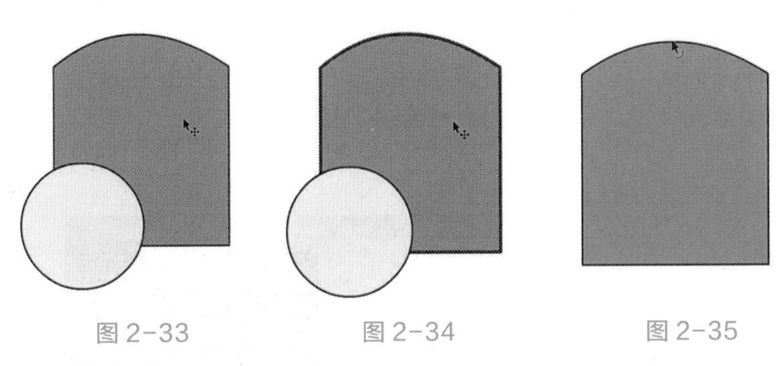

图 2-33　　图 2-34　　图 2-35

2. 部分选取工具

【部分选取工具】是一个与选择工具完全不同的选取工具，它没有辅助选项，但是具有智能化的矢量特性，在选择矢量图形式单击对象的轮廓线，即可将其选中，并且会在该对象的四周出现许多锚点，如图 2-36 所示。

如果要改变某条线条的形状，可以将光标移到该锚点上，当指针下方出现空白矩形点时，单击并拖动鼠标，即可改变该锚点的位置，如果按住 Alt 键，在锚点位置单击并拖动鼠标，则可以改变该锚点两侧的路径弧度，如图 2-37 所示。

3. 套索工具

【套索工具】在选择对象方面和【选择工具】相似，使用时在舞台中单击【套索工具】并拖动鼠标，圈选需要选择的对象，松开鼠标后被圈选的对象即被选中。【套索工具】还具有创建不规则选区的功能，双击绘制的对象，进入对象的图形状态，使用【套索工具】在需要选择的部分绘制选区，松开鼠标时，被框选的部分即被选择，可以对其进行相关操作。

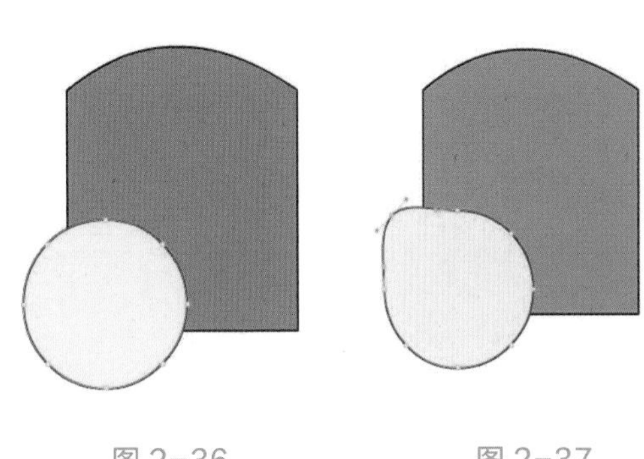

图 2-36　　图 2-37

不规则选择区域：使用【套索工具】在舞台上单击后拖动鼠标轨迹，会沿鼠标轨迹形成一条任意曲线，释放鼠标后，系统会自动连接起始点，在起始点之间的区域将被选中。该方法适合绘制不规则的平滑区域，如图 2-38 所示。

直边选择区域：如果在选择【套索工具】之后，单击工具面板底部的【多边形模式】按钮，然后在舞台上连续单击，即可创建直边区域，如图 2-39 所示。

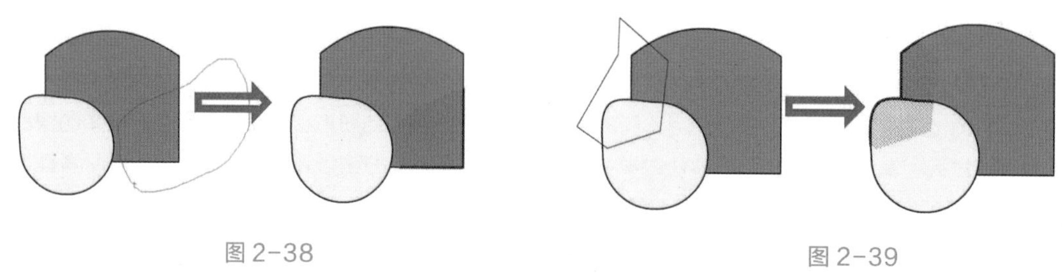

图 2-38　　图 2-39

魔棒工具：【套索工具】中的【魔棒工具】用于选择颜色相似的区域主要应用在填充区域，局部图形的选择上。方法是：导入位图图像后，按住 Ctrl+B 快捷键，将位图分离转换为图形，然后选择【套索工具】，单击【工具】面板底部的【魔棒工具】按钮，这样就可以在舞台中通过单击选择颜色相似的区域。单击【魔棒设置】按钮会弹出【魔棒设置】对话框，在该对话框中，阈值选项代表颜色范围的大小，平滑下拉列表中的选项，分别代表选择区域边缘的平滑度，设置不同的选项参数，能够得到不同效果的选区范围。

4. 复制与删除对象

图形对象的复制，包括多种方式，而图形对象的删除也分为不同区域的删除。

复制对象：只要选中某个图形对象，选择【编辑】菜单下的【复制】（快捷键 Ctrl+C）与【剪切】（快捷键 Ctrl+X）即可执行。按 Ctrl+C 快捷键复制图形对象后，选择【编辑】菜单下的【粘贴至中心位置】命令（快捷键 Ctrl+V），即可将图形粘贴至舞台的中心位置。如果选择【编辑】菜单下的【粘贴至当前位置】（快捷键 Ctrl+Shift+V），粘贴后的图形对象与原对象重合，如图 2-40 所示。在复制图形对象时，还可以通过选择【直接复制】（快捷键 Ctrl+D），对图形对象进行有规律的复制。方法是：选中图形对象后，连续按 Ctrl+D 快捷键，进行图形对象的重复复制，如图 2-41 所示。

删除对象：当不需要舞台中的某个图形时，使用【选择工具】选中该图形对象后，按 Delete 键即可删除该对象。当选中图形对象后，选择【编辑】菜单下的【清除】（快捷键 Backspace），同样能够删除对象。

图 2-40

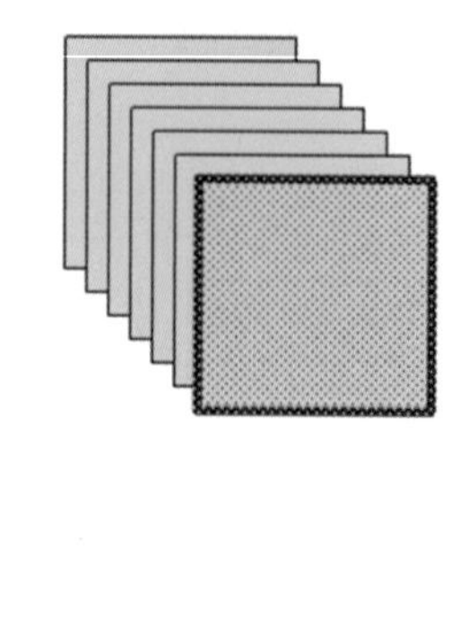

图 2-41

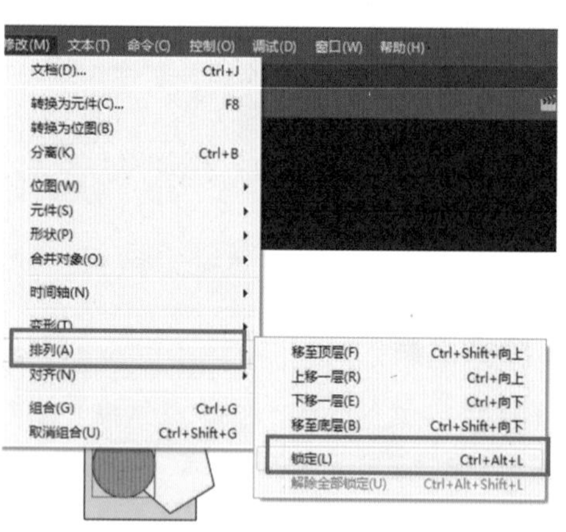

图 2-42

5. 移动与锁定对象

移动对象：移动对象可以调整图形的位置，能够在绘制图形的过程中，使其不相互影响。移动对象包括多种情况，不同的方式得到的效果也不尽相同。使用【选择工具】选中对象，通过拖动将对象移动到新位置。在移动对象的同时按住 Alt 键，则可以复制对象并拖动其副本。在移动对象时按住 Shift 键拖动，可以将对象的移动角度限制为 45° 的倍数，还可以进行水平或垂直方向的移动。在选择所需移动对象之后，通过按一次方向键，则可以将所选对象移动 1 个像素，若按住 Shift 键和方向键，则所选对象一次移动 10 个像素，在属性面板的 x 和 y 文本框中，输入所需移动数值，按 Enter 键即可移动对象。

选择所需移动对象之后，选择【窗口】菜单下的【信息】，通过在右上角 x 和 y 文本框中输入所需数值，按 Enter 键即可移动对象。【信息】面板和【属性】面板中的位置参数设置的效果是相同的。

锁定对象：在编辑动画对象时，为了避免当前编辑的对象影响到其他对象内容，可以先将不需要编辑的对象暂时锁定，锁定后的对象将不参与编辑操作，但它在场景中还是可见的，而当需要对其编辑时，可以对其进行解锁。锁定对象时，需要选择要锁定的对象，选择【修改】→【排列】→【锁定】（快捷键 Ctrl+Alt+L），如图 2-42 所示。如果要取消锁定的对象，选择【修改】→【排列】→【解除锁定】（快捷键 Ctrl+Shift+Alt+L）即可。区分图像是否锁定，可以使用鼠标拖动该对象，如果单击该对象发现被选中，而且可以移动，则说明图像未被锁定；反之，如果该图像不能够被选中，则说明该图像处于被锁定状态。

6. 编组与分离

无论是绘制合并绘制图形还是对象绘制图形，均属于单个图形对象，只是后者包括前者，而前者无法转换成后者。例如，绘制对象绘制图形后，双击该图形对象，即可进入【绘制对象】编辑模式。要想返回【场景 1】编辑模式，只要单击【场景 1】或者【返回】按钮即可。

如果绘制的是合并绘制图形，要想将其组合成一个整体，则需要进行编组。方法是选中基本图形后，选择【修改】→【组合】（快捷键 Ctrl+G），即可将形状转换成组。这时双击组对象，即可进入【组】编辑模式。而要想返回【场景】编辑模式，在舞台空白区域双击即可。

对象的编组也可以针对多个对象绘制图形，方法是选中多个对象绘制图形后，按 Ctrl+G 快捷键即可组合成一个组。此时，双击组对象进入【组】编辑模式，显示对象绘制图形同时选中的对象状态。继续双击某个对象绘制图形，可以进入【绘制对象】编辑模式，显示形状对象。

对于编组而成的组对象来说，选择【修改】→【分离】（快捷键 Ctrl+B），与选择【修改】→【取消编组】（快捷键 Ctrl+Shift+B）得到的效果相同，均能够将组对象分解成形状对象。方法是选中组对象后，按 Ctrl+Shift+B 快捷键即可将其分解成对象绘制图形。继续按 Ctrl+Shift+B 快捷键，即可将对象绘制图形分解成形状对象。

如果想要将文字转换为图形，那么需要选中文字后，按 Ctrl+B 快捷键进行分离。如果是一个词组，那么需要按 Ctrl+B 快捷键两次，才能够将文字转换为图形，如图 2-43 ~图 2-45 所示。

图 2-43

图 2-44

图 2-45

7. 排列和对齐

在同一层内，Animate 会根据对象的创建顺序层叠对象，例如，将最新创建对象放在最上面，但是绘制的线条和形状总是在组和元件的下面，而在排列中，除了能够上下纵向排列外，还可以横向排列，也就是水平或者垂直平均分布多个对象，并且在分布对象的同时进行不同方式的对象对齐操作。

上下排列对象：当在舞台中绘制多个图形对象时，Animate 会以堆叠的方式显示各个图形对象，这时想要将下方的图形对象放置在最上方，只要选中该图形对象，选择【修改】→【排列】→【移至顶层】（快捷键 Ctrl+Shift+ ↑）即可，如图 2-46 所示。如果想要将图形对象向上移动一层，那么选中该图形对象后，选择【修改】→【排列】→【上移一层】命令（快捷键 Ctrl+ ↑）即可，如图 2-47 所示。

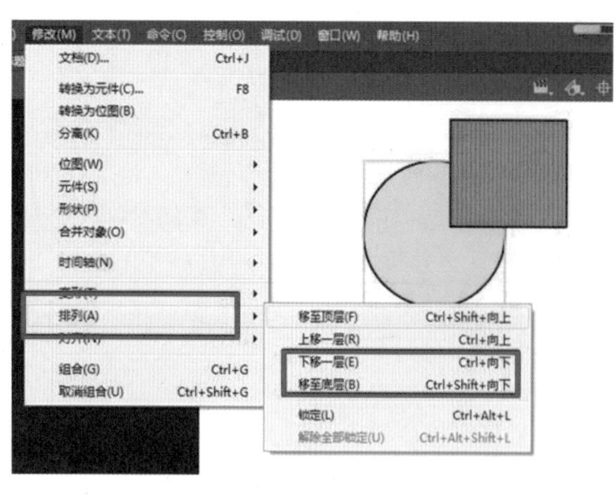

图 2-46

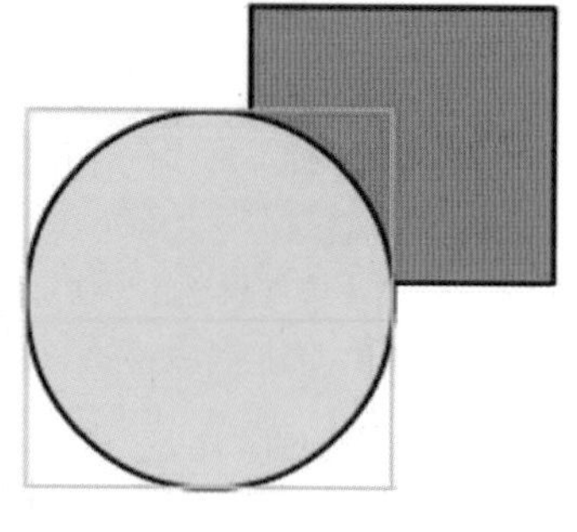

图 2-47

平均分布对象：在横向排列图形对象过程中，可以根据图形对象排列的不同方向，来进行相应的平均分布。例如图形对象以水平方向放置时，选中所要进行分布的对象后，在【对齐】面板中单击【水平居中分布】按钮，即可将图形对象平均分布在同一个水平面上。

对齐对象：在【对齐】面板中，除了能够进行平均分布外，还能够对两个或者两个以上的图形对象进行各种方式的对齐。例如选中多个图形对象后，单击【对齐】面板中的【底对齐】按钮，如图 2-48 所示，即可以所选对象中的最低点为基点，进行底部对齐操作，如图 2-49 所示。如果分别单击面板中的【垂直居中】按钮和【底对齐】按钮，即可得到不同的对齐效果。

如果舞台中只有一个图形对象，那么也可以进行对齐操作。方法是：选中图形对象后，在【对齐】面板中单击【对齐 / 相对舞台分布】按钮，然后分别单击【底对齐】按钮和【右对齐】按钮后，该图形对象即可相对于舞台底对齐和右对齐。

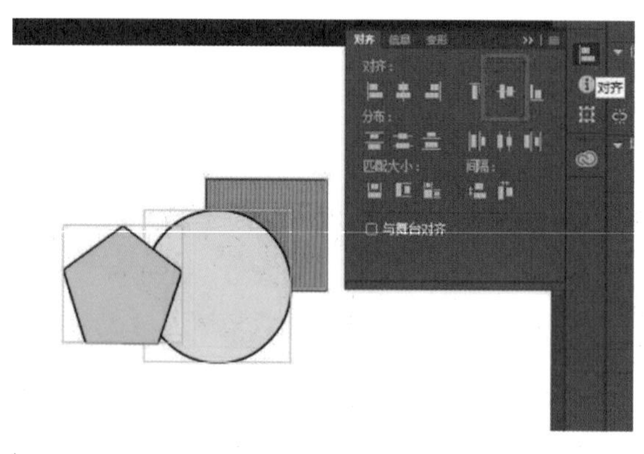

图 2-48

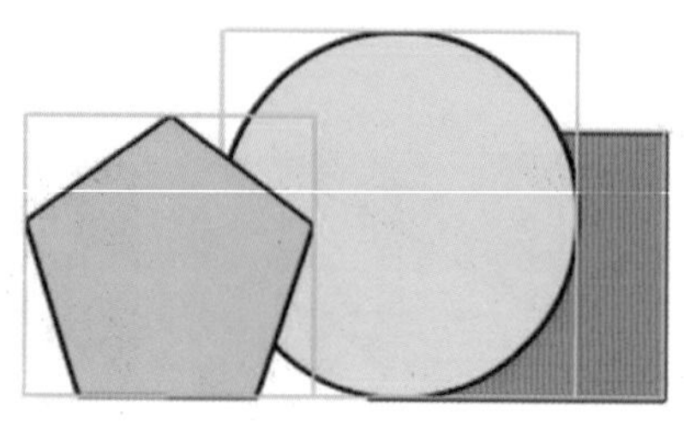

图 2-49

8. 使用贴紧功能

若要使各个元素彼此自动对齐，可以使用贴紧功能，Animate 软件为在舞台上贴紧对齐对象提供了 6 种方法，即贴紧对齐、贴紧至网格、贴紧至辅助线、贴紧至像素、贴紧至对象、将位图贴紧至像素，如图 2-50 所示。

使用对象贴紧功能：可以将对象沿着其他对象的边缘，直接与它们对齐的对象贴紧。要使用该功能，需要选择【视图】→【贴紧】→【贴紧至对象】，或者选择【选择工具】后，单击【工具】面板底部的【贴紧至对象】按钮，如图 2-51 所示。当拖动图形对象时，指针下面会出现一个黑色的小环，当对象处于另一个对象的贴紧距离内时，该小环会变大，如图 2-52 所示。要在贴紧时更好地控制对象位置，可以从对象的转角或中心点开始拖动。

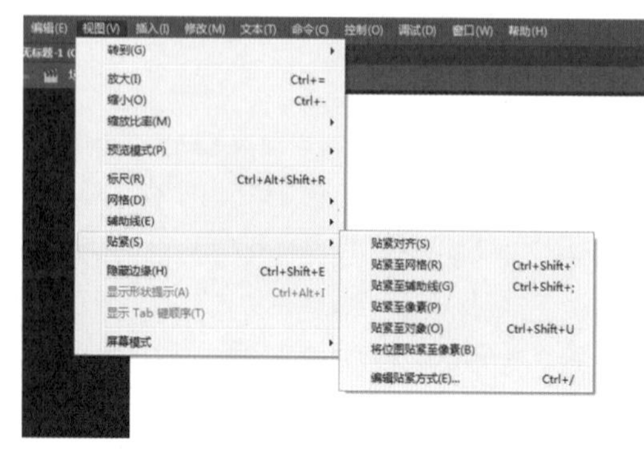

图 2-50

在移动对象或改变其形状时，使用该功能，则对象上选择工具的位置为贴紧环提供了参考点，这对于要将形状与运动路径贴紧，从而制作动画的情况是特别有用的。

使用像素贴紧功能：可以在舞台上将对象直接与单独的像素或像素的线条贴紧。首先选择【视图】→【网格】→【显示网格】，使舞台显示网格。然后选择【视图】→【网格】→【编辑网格】，在【网格】对话框中设置网格的尺寸为 1 像素 ×1 像素。这时再选择【视图】→【贴紧】→【贴紧至像素】，选择【矩形工具】，在舞台中随意绘制矩形图形时，发现矩形边缘紧贴至网格线。

如果创建的形状边缘处于像素边界内，例如使用的笔触宽度是小数形式（1.5 像素），则贴紧至像素是贴紧至像素边缘，而不是贴紧至形状边缘。如果使网格以默认的尺寸显示，那么可以选择【视图】→【贴紧】→【贴紧至网格】命令，这样能够使图形对象边缘以网格边缘对齐。

使用对齐贴紧功能：可以按照指定的贴紧对齐容差，即对象与其他对象之间或对象与舞台边缘之间的预设边界对齐对象。方法是选择【视图】→【贴紧】→【贴紧对齐】，当拖动一个图形对象至另外一个图形对象边缘时，会暂时显示对齐线。要想设置对齐容差参数值，或者增加对齐方式，可以选择【视图】→【贴紧】→【编辑贴紧方式】，如图 2-53 所示。

9. 编辑线条

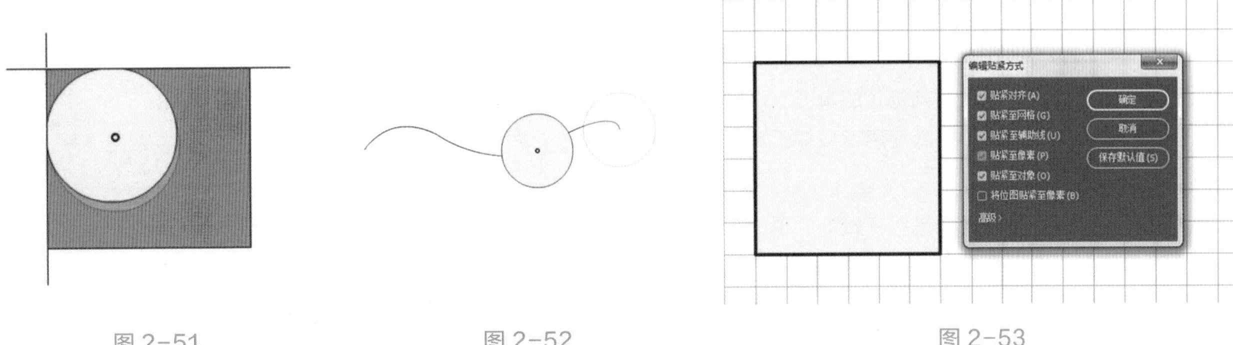

图 2-51　　图 2-52　　图 2-53

图形线条在绘制过程中，虽然能够事先进行设置，但是还是会有不尽如人意的地方，这时可以通过线条的平滑、伸直和优化等操作来编辑图形线条，如图 2-54 所示。

平滑线条：使用【平滑】命令可以使曲线在变柔和的基础上，减少曲线整体方向上的凸起或其他变化，同时还会减少曲线中的线段数。使用【选择工具】选择绘制后的线条，连续单击【工具】面板底部的【平滑】按钮，即可使线条更加柔和。选择【修改】→【形状】→【高级平滑】，同样能够平滑线条曲线，但是这种平滑只是相对的，它并不影响直线段，如图 2-55 和图 2-56 所示。

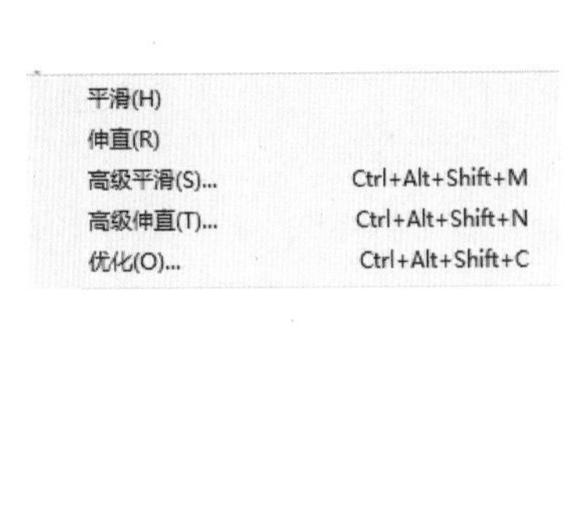

图 2-54

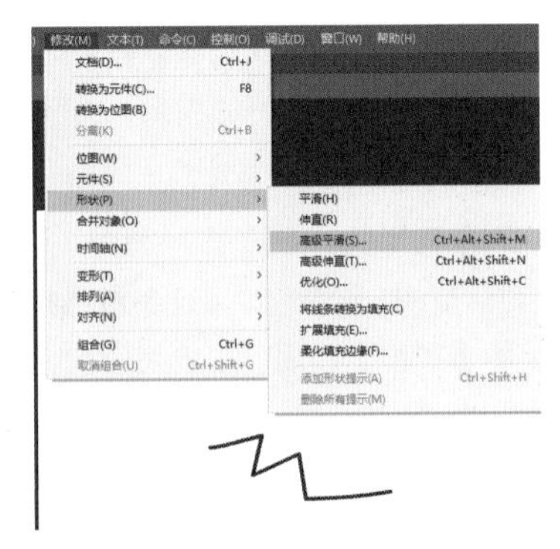

图 2-55

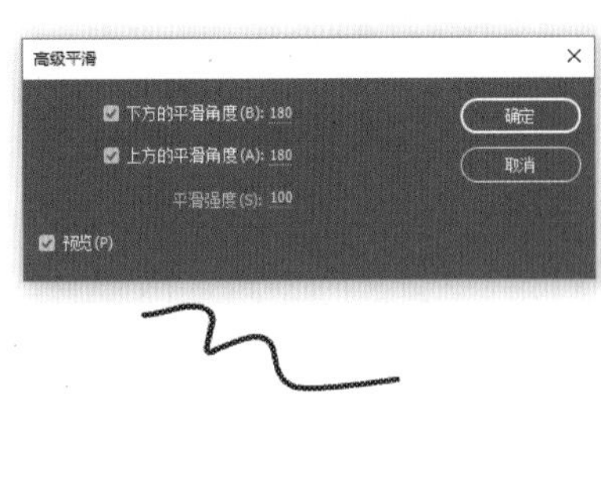

图 2-56

伸直线条：使用【伸直】命令能够调整所绘制的任意形状的线条。使用该命令可将已绘制的曲线调整得更为平直，同时，不会影响与被调整曲线连接的其他线条。对于曲率较大的直线，可以对其执行多次【伸直】命令。使用【选择工具】选择绘制后的线条，连续单击【工具】面板底部的【伸直】按钮，即可将小弧度的曲线转换为直线。

优化线条：使用【优化】命令可以通过减少用于定义这些元素的曲线数量来改进曲线和填充轮廓，并且可以减小 Animate 文档和导出 Animate 影片的大小，并且该命令可以对相同元素进行多次优化。选择需要优化的对象，选择【修改】→【形状】→【优化】命令，通过选择【优化曲线】对话框中的【优化深度】参数，可以指定平滑程度，结果精确与否取决于所选定的曲线。启用【优化曲线】对话框中的【显示总计消息】复选框，可以在平滑操作完成时显示一个指示优化程度的警告对话框。

10. 擦除图形

使用【橡皮擦工具】可以快速擦除舞台上的内容，也可以擦除个别笔触或填充区域。选择【工具】面板中的【橡皮擦工具】后，使用默认的参数，在舞台中单击并拖动鼠标，即可擦除光标所经过区域内的图形。

橡皮擦形状：选择【橡皮擦工具】后，【工具】面板底部的【橡皮擦形状】选项可用于设置橡皮擦的大小和形状。通过调整橡皮擦的大小和形状，可以提高擦除对象的精确度和控制擦除效果。

擦除模式：在【橡皮擦工具】的【擦除模式】选项中提供了 5 种类型。不同的类型模式，其擦除范围会有所不同。

标准擦除：擦除同一层上的笔触和填充。

擦除填色：只擦除填充，不影响笔触。

擦除线条：擦除笔触，不影响填充。

擦除所选填充：只擦除当前选定的填充，不影响笔触（不论笔触是否被选中）。以这种模式使用橡皮擦工具之前需选择要擦除的填充。

内部擦除：只擦除橡皮擦笔触开始处的填充。如果从空白点开始擦除，则不会擦出任何内容。以这种模式使用橡皮擦并不影响笔触，如图 2-57 所示。

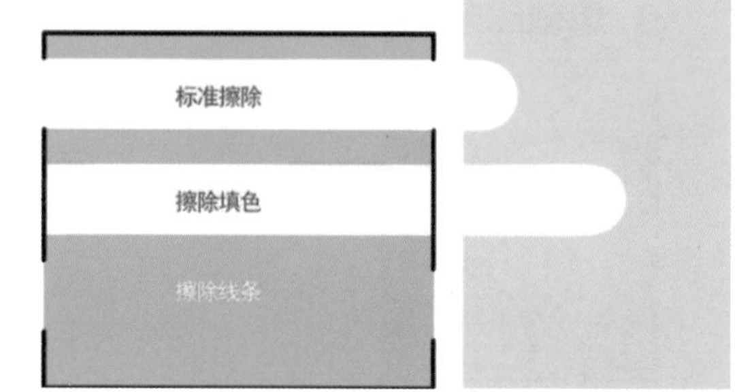

图 2-57

在【工具】面板中，双击【橡皮擦工具】可以擦除舞台中所有的图形对象。

水龙头工具：【水龙头工具】用来擦除图形中的线条，或者填充颜色。其方法是：选择【橡皮擦工具】后，再选择【水龙头工具】，然后在图形对象中单击填充区域，即可擦除该区域。如果使用【水龙头工具】单击舞台中的线条，那么就只会擦除线条图形。

11. 修改形状

图形形状的改变包括多种形式，例如线条与填充形状的转变，以及填充形状的扩展与柔化等，如图 2-58 所示。通过这些形状的改变，可以加快一些动画的绘制。

将线条转换为填充：在 Animate 软件中，虽然线条颜色不仅能够以单色显示，还能够以渐变颜色显示，但是将线条转换为填充形状后，能够进行更加复杂的编辑。方法是：选中绘制好的线条，执行【修改】→【形状】→【将线条转换为填充】命令，这时线条转换为填充形状，即可进行边缘形状的编辑，如图 2-59 所示。

扩展填充：【扩展填充】命令用来扩展填充对象的形状。方法是：选择一个填充形状，执行【修改】→【形状】→【扩展填充】命令，弹出【扩展填充】对话框，在该对话框中，设置【距离】参数值为 20 像素，单击【确定】按钮，改变其形状，如图 2-60 所示。该对话框中，【方向】选项组中【扩展】选项可以放大形状，而【插入】选项则会缩小形状。如果启用后者，那么会得到不同的效果。

图 2-58

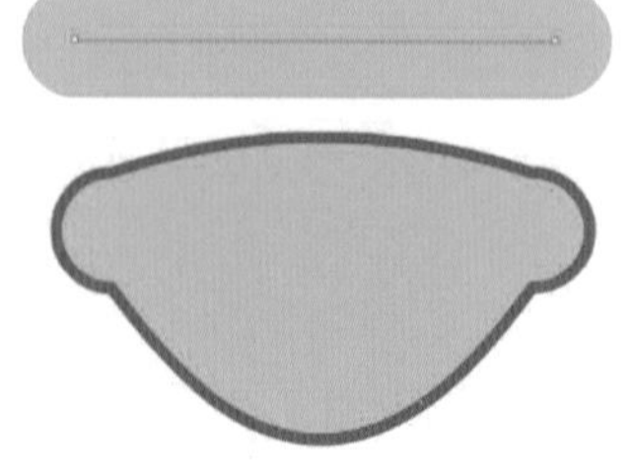

图 2-59

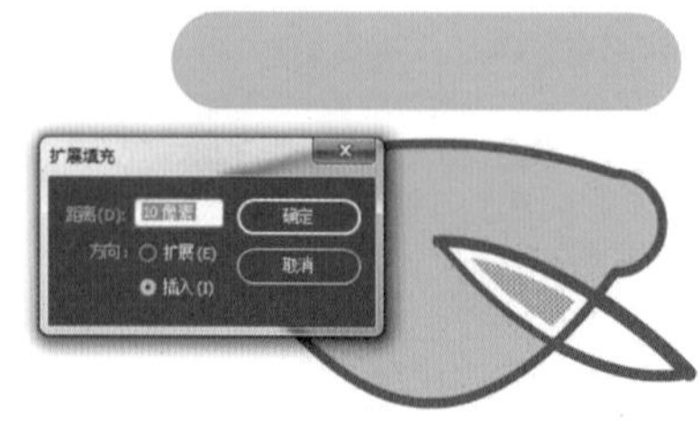

图 2-60

柔化填充边缘：【柔化填充边缘】命令用来改变图形边缘的显示效果。选中图形后执行【修改】→【形状】→【柔化填充边缘】，打开相应的对话框，其中的选项以及作用如下。

【距离】：柔边的宽度（用像素表示）。

【步骤数】：控制用于柔边效果的曲线数。使用的步骤数越多，效果就越平滑。增加步骤数还会使文件变大并降低绘画速度。

【扩展】或【插入】：控制柔化边缘是放大还是缩小形状。

【柔化填充边缘】命令在没有笔触的单一填充形状上的使用效果最好，但可能增加 Animate 文档和生成的 SWF 文件的大小。

12. 合并对象

动画中的图形除了可以通过绘制得到外，还可以通过不同图形之间的合并或改变现有对象来创建新形状，而在操作过程中，所选对象的堆叠顺序决定了操作的工作方法。

（1）联合。

【联合】命令可以将两个或多个形状合成单个形状，并生成一个“对象绘制”的模型形状，它由联合前形状上所有可见的部分组成，能够删除形状上不可见的重叠部分。方法是：选中多个图形对象后，执行【修改】→【合并对象】→【联合】命令，即可产生生成一个图形对象，如图 2-61 ~图 2-63 所示。

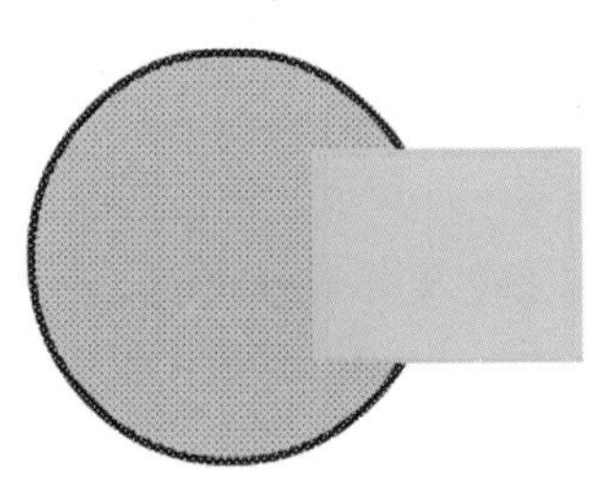

图 2-61

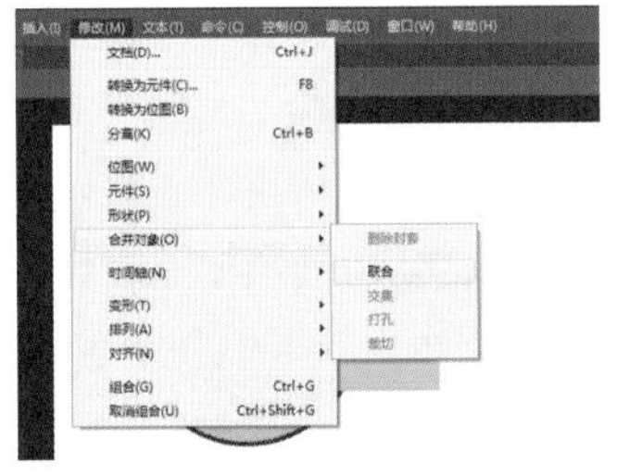

图 2-62

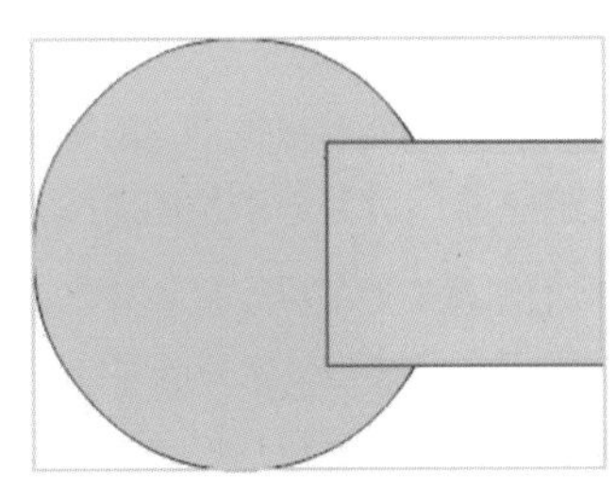

图 2-63

（2）交集。

【交集】命令能够创建两个或多个对象的交集对象。生成的“对象绘制”形状由合并形状的重叠部分组成。将删除形状上任何不重叠的部分，而生成的形状使用堆叠中最上面的形状的填充和笔触。方法是：选中两个图形对象后，执行【修改】→【合并对象】→【交集】命令即可产生一个交集图形对象，如图 2-64 ~图 2-66 所示。

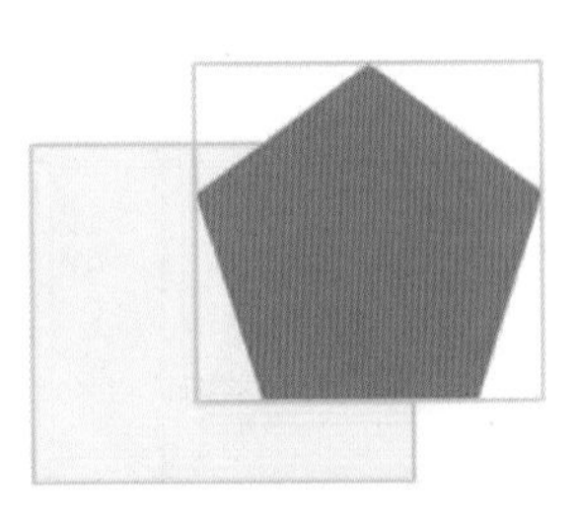

图 2-64

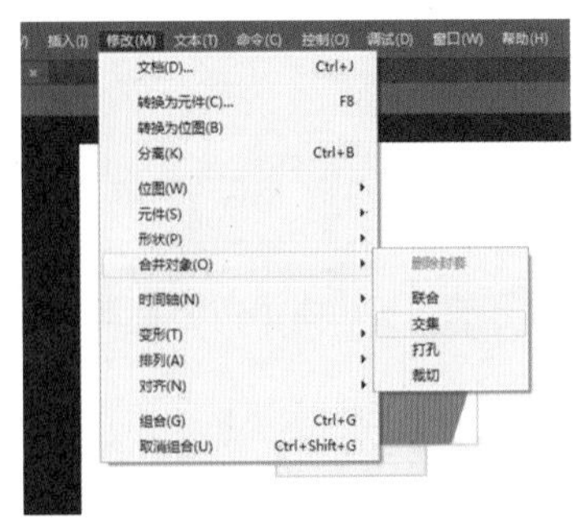

图 2-65

图 2-66

（3）打孔与裁切。

【打孔】命令将删除所选对象的某些部分，这些部分由所选对象与排在所选对象前面的另一个所选对象的重叠部分定义。而且将删除由最上面形状覆盖的形状的任何部分，并完全删除最上面的形状。【裁切】命令可以使用一个对象的形状，裁切另一个对象，前面或最上面的对象定义裁切区域的形状，并且将保留与最上面的形状重叠的任何下层形状部分，而删除下层形状的所有其他部分，并完全删除最上面的形状，如图 2-67 ~图 2-69 所示。

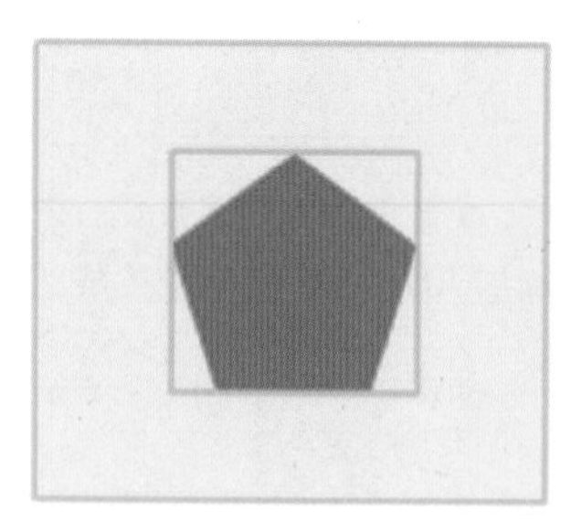

图 2-67

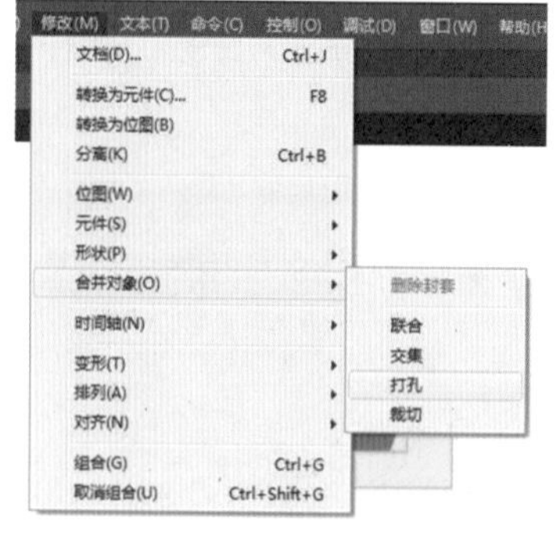

图 2-68

图 2-69

13. 任意变形对象

【工具】面板中的【任意变形工具】与【修改】面板中的【变形】命令功能相同，并且两者相通，均是用来对图形对象进行变形，例如缩放、旋转、倾斜、扭曲等。

选中图形对象后，选择【任意变形工具】，这时图形四周显示变形框。在所选内容的周围移动光标，光标会发生变化，指明哪一种变形功能可用。

例如，将光标指向变形框四角的某个控制点时，可以缩小或者放大图形对象，如图 2-70 所示；如果将光标指向变形框四角的某个控制点，并且与该控制点具有一定距离，即可对图形对象进行旋转，如图 2-71 所示。

在选择【任意变形工具】后，单击该面板底部的某个功能按钮即可针对相应的变形功能进行变形操作。例如单击面板底部的【旋转与倾斜】按钮，就只能对图形对象进行旋转和倾斜的变形，如图 2-72 所示。如果单击面板底部的【扭曲】按钮，那么只能针对图形对象进行各种角度的扭曲变形，如图 2-73 所示。

图 2-70

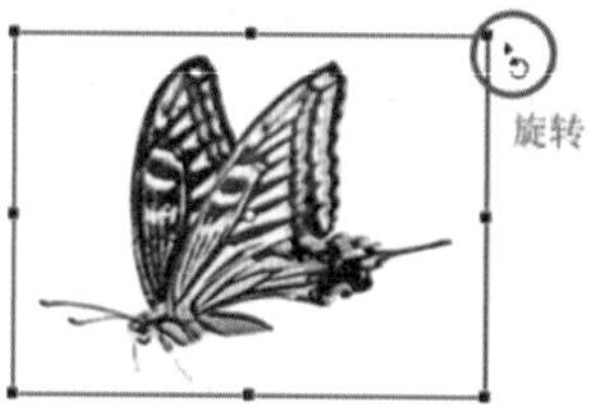

旋转

图 2-71

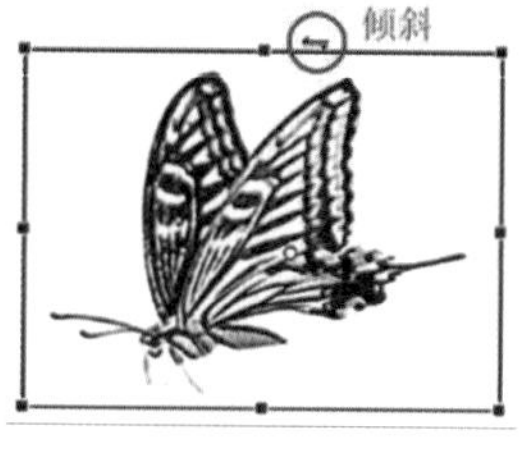

图 2-72

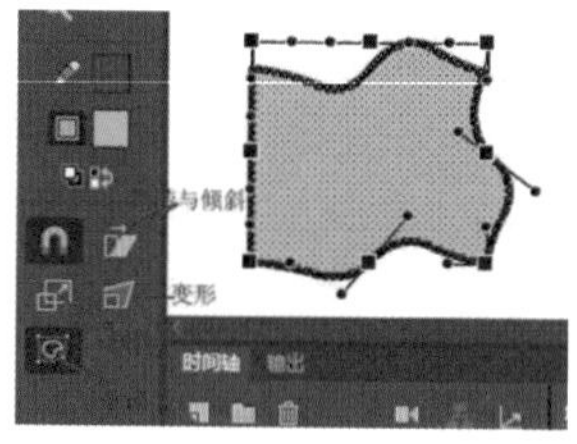

图 2-73

【任意变形工具】中的【封套】命令是对选定对象进行扭曲或改变形状，封套是一个边框，

其中包含一个或多个对象，当通过调整封套的点和切线手柄来编辑封套形状时，该封套内对象的形状也将受到影响。

使用【扭曲】和【封套】命令以外的【变形】命令时，变形框中会出现一个变形中心点。变形中心点最初与对象的中心点对齐，但是可以任意移动变形中心点。该变形中心点是用来控制图形对象变形的根据点，变形效果的变化是根据其位置的改变而改变的。

例如，使用【任意变形工具】选中图形对象后，单击并拖动变形中心点，将其移至右上角位置，这时对图形进行旋转时，发现图形是以右上角的变形中心点为中心进行旋转的，如图 2-74 和图 2-75 所示。

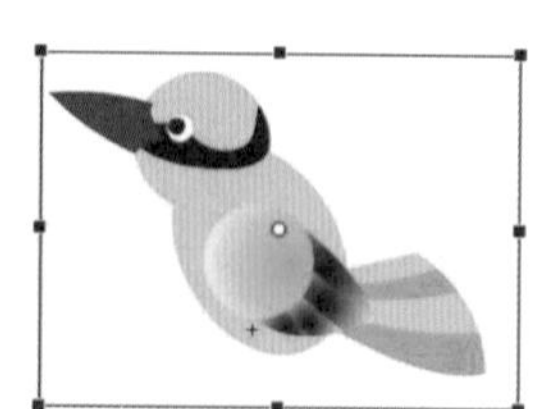

图 2-74

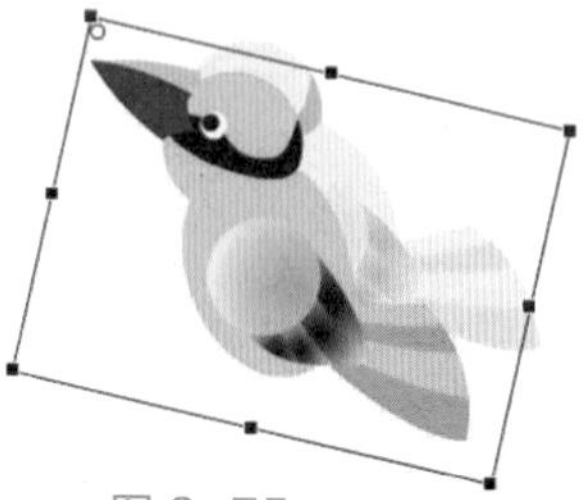

图 2-75

14. 精确变形对象

使用【任意变形工具】可以方便快捷地操作对象，但是却不能控制其精确度，而利用【变形】面板可以通过设置各项参数，精确地对其进行缩放、旋转、倾斜、翻转。

精确缩放对象：选中舞台中的图形对象后，执行【窗口】→【变形】命令（快捷键 Ctrl+T），打开【变形】面板。在该面板中，可以沿水平方向、垂直方向缩放图形对象。比如单击垂直方向的文本框，在其中输入 60，即可以图形原高度尺寸的 60% 缩小。要想成比例缩放图形对象，可以在设置之前单击【约束】按钮，然后在任一个文本框中输入数值，即可得到成比例的缩放效果，如图 2-76 和图 2-77 所示。当设置图形的缩放比例后，要想返回原尺寸，只要单击【重置】按钮即可。

精确旋转与倾斜对象：在【变形】面板中，当点击【旋转】单选按钮时，可以在文本框中输入数值，进行 360° 的旋转；当点击【倾斜】单选按钮时，可以进行水平或者垂直方向的 360° 的倾斜变形，如图 2-78 和图 2-79 所示。

重制选区和变形：当启用【旋转】单选按钮进行图形旋转时，设置旋转角度后，还可以通过连续单击【重制选区和变形】按钮得到复制的旋转图形，如图 2-80 所示。

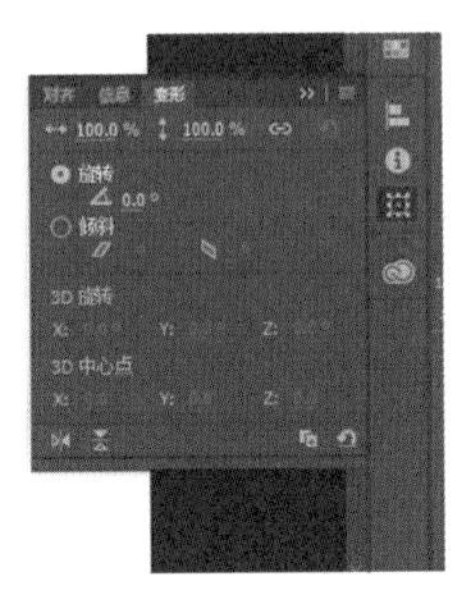

图 2-76

图 2-77

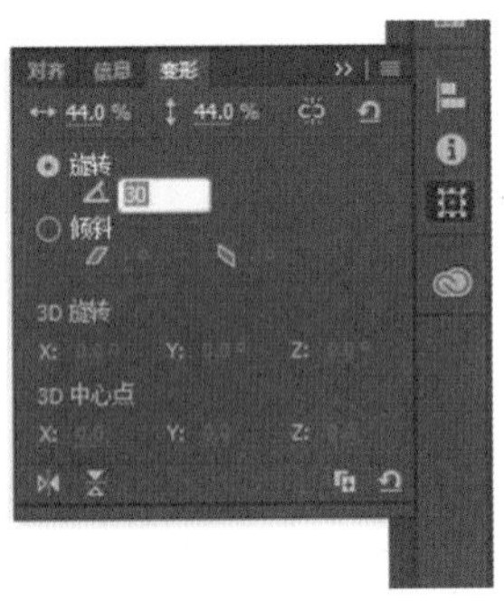

图 2-78

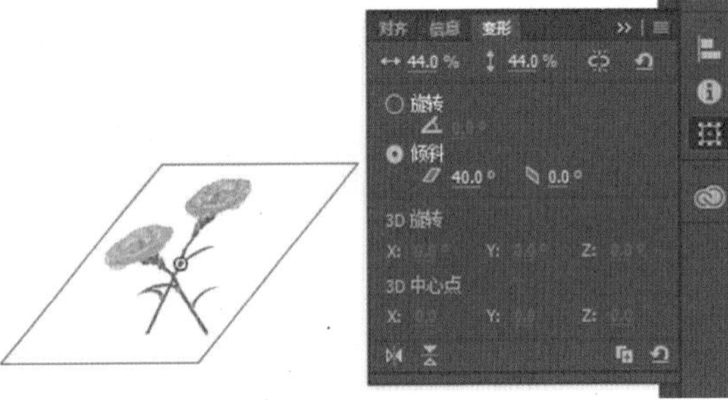

图 2-79

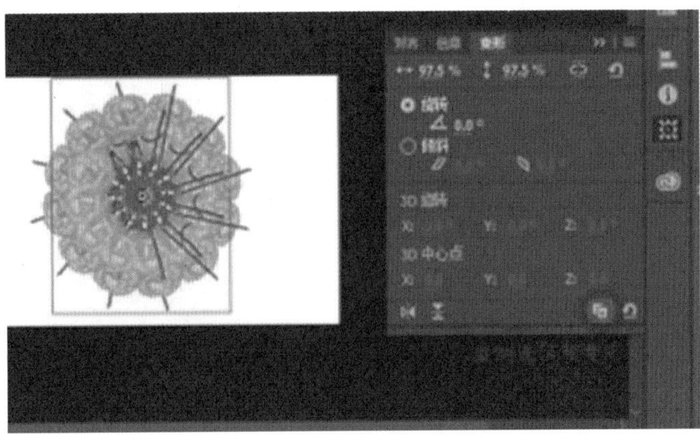

图 2-80

15. 综合绘制技能实训

实训项目一：绘制卡通天空热气球

新建 Animate 文件，舞台大小 600 像素 ×400 像素，舞台颜色（R0，G204，B204），FPS24，用【线条工具】在舞台上绘制封闭图形，如图 2-81 所示；回到【选择工具】，把鼠标放在线条上，鼠标右下角出现小弧形，拖动直线，直线即可变为曲线，如图 2-82 所示；给图形填充白色，去除描边色，如图 2-83 所示；按住 Alt 键向右复制一个云朵，并把复制的云朵水平翻转，在云朵下面新建图层，用【线条工具】，按住 Shift 键绘制直线，直线的轮廓色为线性渐变，如图 2-84 所示。

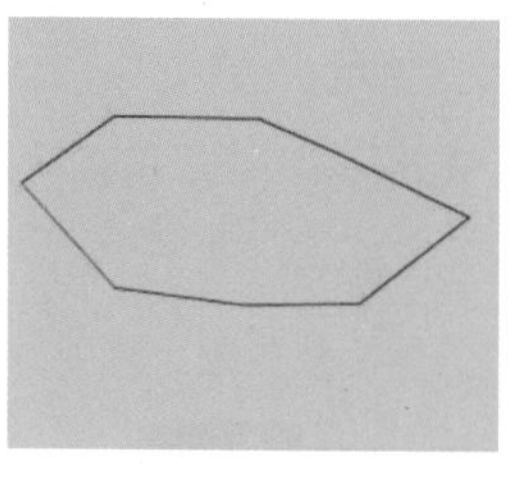
图 2-81

图 2-82

图 2-83

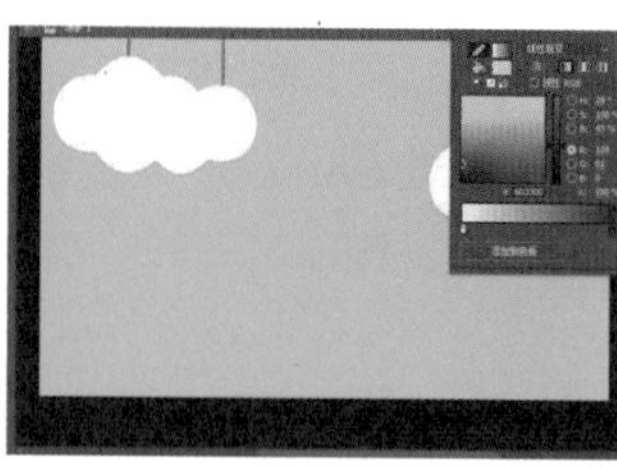
图 2-84

在云朵上面新建图层，用【线条工具】绘制如下图形，如图 2-85 所示；回到【选择工具】，把鼠标放在线条上，鼠标右下角出现小弧形，拖动直线，直线即可变为曲线，如图 2-86 所示；给图形填充黄色（R254，G226，B60），去除描边色，如图 2-87 所示；在黄色星形上面新建图层，用【椭圆工具】按住 Shift 键在星形里面绘制正圆，描边色为无，填充色为 R255，G118，B69，如图 2-88 所示。

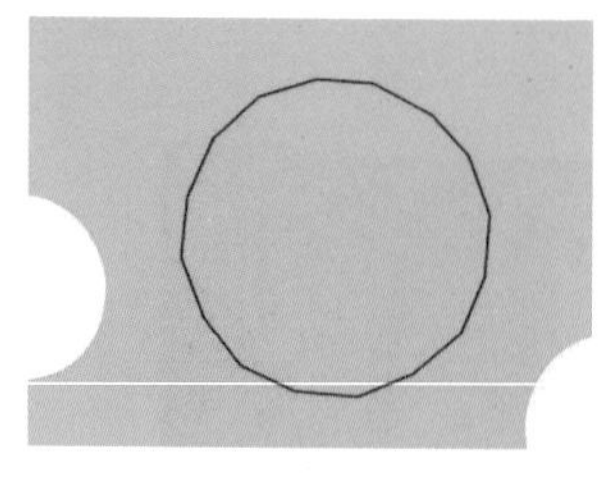
图 2-85

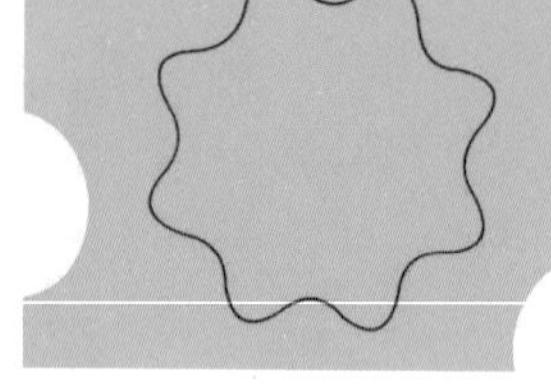
图 2-86

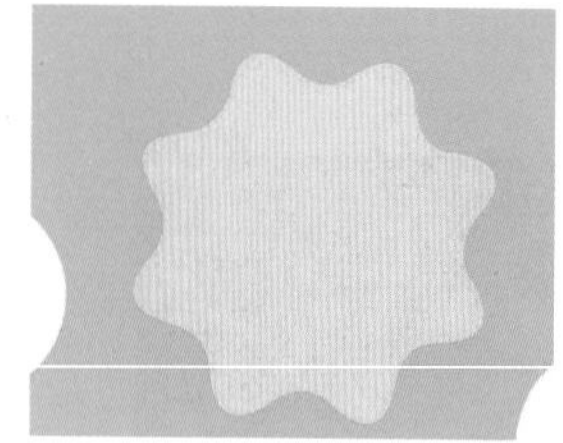
图 2-87

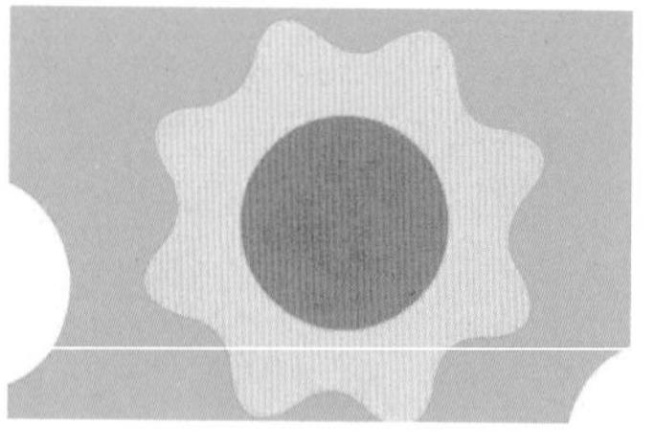
图 2-88

在正圆上面新建图层，用【线条工具】绘制如下图形，如图 2-89 所示；回到【选择工具】，把鼠标放在线条上，鼠标右下角出现小弧形，拖动直线，直线即可变为曲线，如图 2-90 所示；给图形填充红色（R220，G80，B47），去除描边色，如图 2-91 所示；使用【选择工具】选中气球形状，按 F8，弹出【转换为元件】对话框，在名称栏输入“气球”，类型选择【影片剪辑】，按【确定】按钮，如图 2-92 所示。

图 2-89

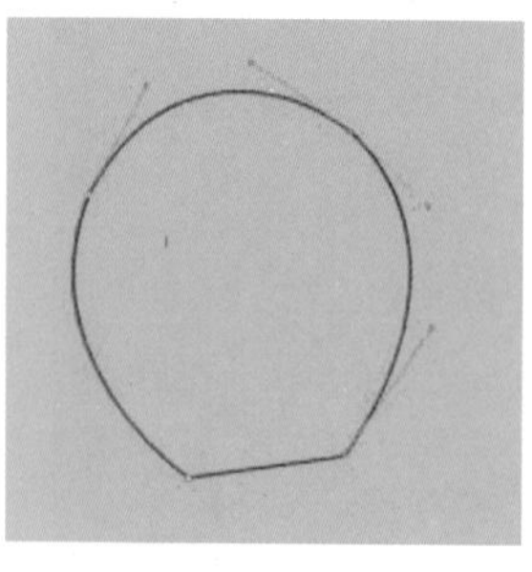
图 2-90

图 2-91

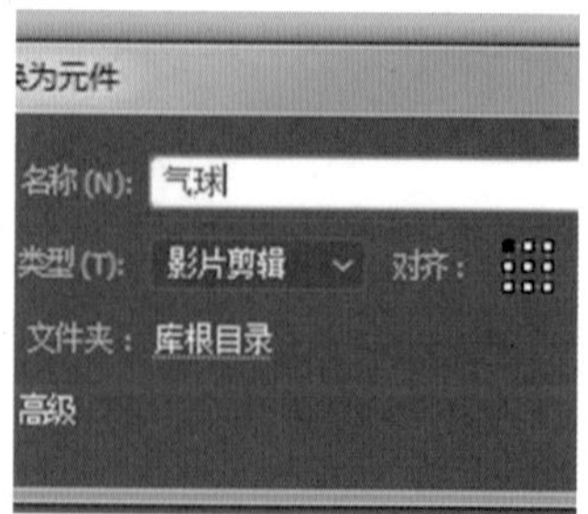

图 2-92

双击“气球”元件，进入元件编辑窗口，新建图层，使用【线条工具】绘制气球上的图形，如图2-93所示；回到【选择工具】，把鼠标放在线条上，鼠标右下角出现小弧形，拖动直线，直线即可变为曲线，给图形填充黄色（R247，G180，B71），去除描边色，如图 2-94 所示；按住 Alt 键向右复制一个图形并进行水平翻转，如图 2-95 所示；继续新建图层，使用【线条工具】绘制气球篮，如图 2-96 所示。

单击【场景 1】或右箭头，退出元件编辑窗口，选中“气球”元件，在属性栏最下面的滤镜栏添加投影滤镜，如图 2-97 和图 2-98 所示，效果如图 2-99 所示；用同样的方法给太阳和云朵添加投影滤镜，最终效果如图 2-100 所示。

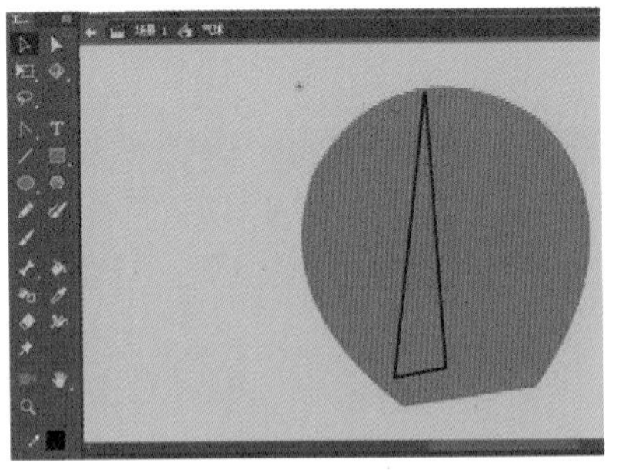

图 2-93

图 2-94

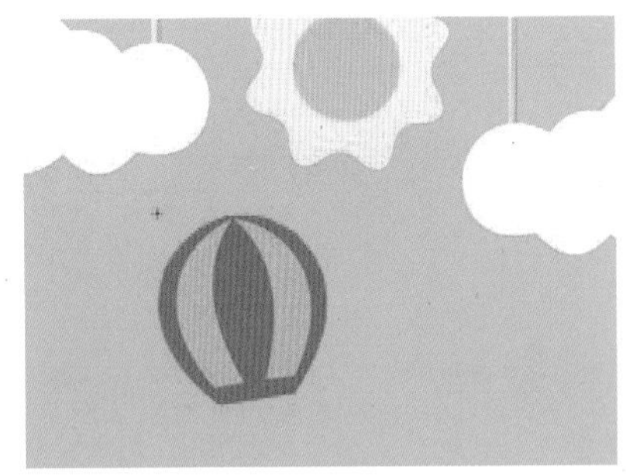

图 2-95

图 2-96

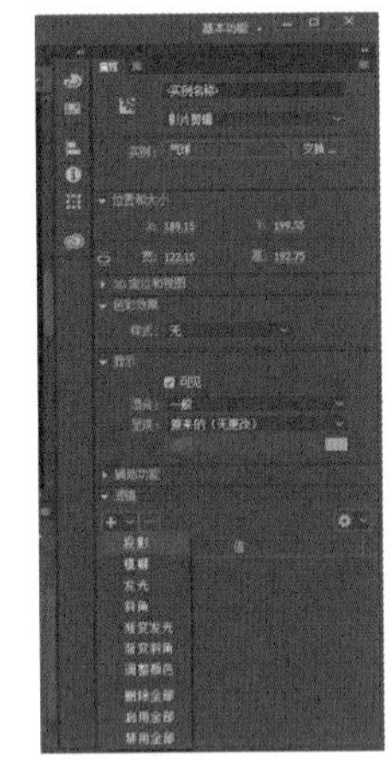

图 2-97

滤镜

属性	值
投影	
模糊 X	23 像素
模糊 Y	23 像素
强度	100 %
品质	低
角度	45 °
距离	5 像素
挖空	☐
内阴影	☐
隐藏对象	☐

图 2-98

图 2-99

图 2-100

实训项目二：绘制小清新卡通背景（见图 2-101）

绘制思路：这个清新卡通背景主要由渐变天空背景、白云、山丘、道路、放射状光线和树木组成。主要使用【矩形工具】绘制渐变天空背景，使用【钢笔工具】绘制放射状光线和白云，继续使用【钢笔工具】绘制山丘，使用【椭圆工具】，最后进行局部刻画，完成清新卡通背景的绘制。具体如图 2-102 ~图 2-107 所示。

图 2-101

图 2-102

图 2-103

图 2-104

图 2-105

图 2-106

图 2-107

实训项目三：绘制可爱小恐龙（见图 2-108）

绘制思路：这个可爱小恐龙主要由背景、恐龙身体、手、眼睛、腮红和背脊组成。主要使用【矩形工具】绘制背景，使用【钢笔工具】绘制身体、手、眼睛、腮红和背脊，最后进行局部刻画，完成可爱小恐龙的绘制，如图 2-109 ~图 2-114 所示。

图 2-108

图 2-109

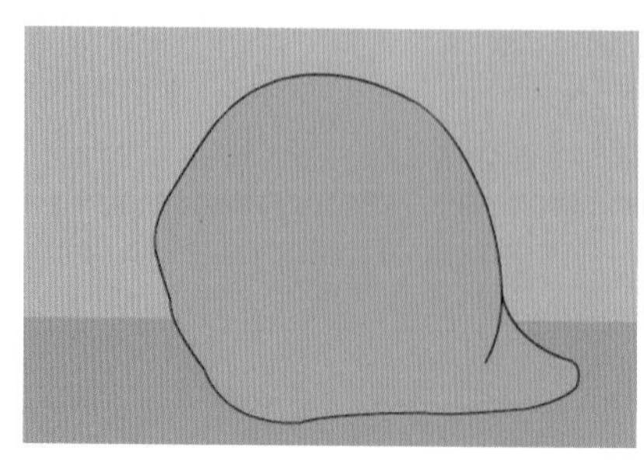

图 2-110

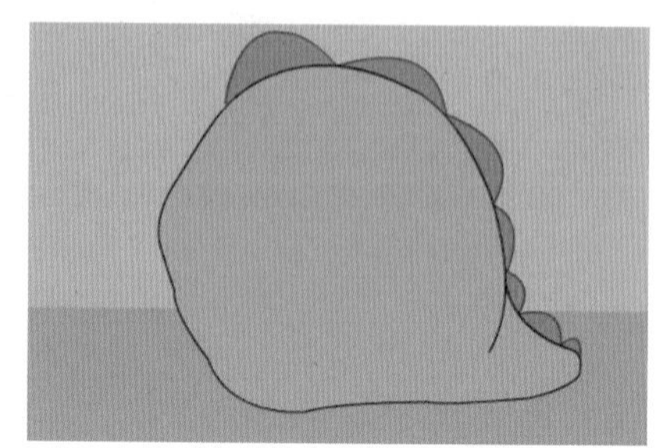

图 2-111

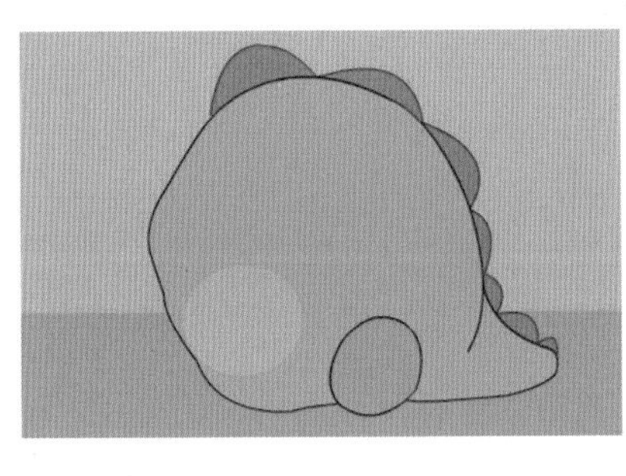
图 2-112

图 2-113

图 2-114

三、学习任务小结

通过本次课的学习，同学们对选择工具、部分选取工具、添加和删除锚点工具等图形调整工具的使用方法有了全面的认识。同学们课后还要复习本次课讲解的知识点，并通过操作实训熟悉这些工具的使用方法。同时，记住工具命令和快捷键，为后续的软件操作做好准备。

四、课后作业

练习选择工具、部分选取工具、添加和删除锚点工具等图形调整工具的使用方法。

学习任务三 文本的编辑

教学目标

（1）专业能力：能熟练掌握创建多种文本的方法，以及文本的基本操作方法、设置文本对齐的方法、设置文本变形的方法、使用文本滤镜类型的方法和制作文本实例的方法。

（2）社会能力：善于动脑，勤于思考，能收集、归纳和整理动画案例。

（3）方法能力：细致的观察能力、精要的描述能力、熟练的绘制能力。

学习目标

（1）知识目标：能创建、编辑文本对象。

（2）技能目标：能完成各种文字效果的制作。

（3）素质目标：能根据学习要求与安排进行信息收集与分析整理，并进行沟通与表达，具备团队协作能力和一定的语言表达能力，培养自己的综合职业能力。

教学建议

1. 教师活动

（1）教师通过前期收集的不同风格的文本展示，提高学生对文本的直观认识。同时，运用多媒体课件、教学视频等多种教学手段，讲授 Animate 创建、编辑文本对象的学习要点，指导学生制作简单文字。

（2）教师通过对优秀文字作品的展示，让学生感受如何从日常生活和各类型设计案例中提炼设计元素，并创造性地进行重组和绘制。

2. 学生活动

（1）观察各种风格文字，尝试思考和描绘文本特点，根据老师的思路，使用文本工具绘制文字。

（2）观看教师的示范，分析与绘制文字，掌握 Animate 文本制作思路，提高手绘能力。

一、学习问题导入

在Animate中不仅可以创建各种各样的矢量图形，还可以创建不同风格的文本对象。文本是用文字工具直接创建出来的，具有图形和实例的某些属性，但又有其独特的性质。在一些成功的网页上，经常看到利用文字制作的特效动画。

二、学习任务讲解与技能实训

1. 创建文本

在 Animate 中，【文本工具】有 3 种类型：静态文本、动态文本和输入文本，如图 2-115 所示。

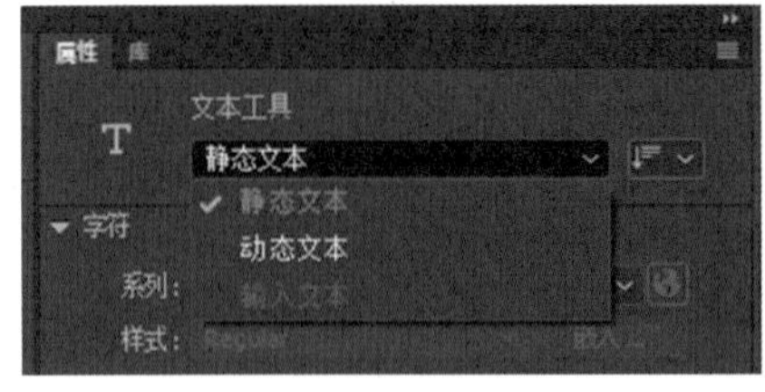

图 2-115

创建静态文本：静态文本是显示不会动态更新的文本。静态文本包括可扩展文本块和固定文本块。固定文本块是指当输入的文字达到文本框的宽度后，将自动进行换行，如图 2-116 所示。可扩展文本块，是指文本框的宽度无限，输入的文字达到文本框的宽度后，不会自动进行换行，而是延伸文本框的宽度，如图 2-117 所示。

图 2-116　　图 2-117

在默认状态下，在选择【文本工具】后，在舞台中，单击后输入的文本为静态文本的可扩展文本块。要想输入固定文本块的静态文本，可以在选择该工具后，在舞台中单击并拖动鼠标建立文本框。然后在其中输入文字时，发现文字到达文本框的边缘后会自动换行。

创建动态文本：动态文本是一种交互式的文本对象，文本内容会根据文本服务器的输入不断更新，例如体育得分、股票报价或者天气预报。创建方法是选择【文本工具】后，在属性面板的下拉列表中选择【动态文本】选项，然后在舞台中单击创建文本框，输入文本后，文本框显示为虚线框。

创建输入文本：除了可以创建以上两种文本外，还可以创建输入文本。使用输入文本是一种对应用程序进行修改的入口。在创建文本时，将为输入文本设置一个相应的变量，它的功能与动态文本的功能大致相似。输入文本一般用于注册留言簿等一些需要用户输入文本的表格页面，用户可以即时输入文本。

2. 编辑文本

在创建完一段文本后，有时并不满足动画的需求，还要对其进行编辑修改，才能达到预期的效果。如果要对一段文字中的部分文字进行编辑，那么需要使用【文本工具】进行单击，这时可以看到文本被文本框包围，在文本框中出现闪动的光标，表示可以对单个文字进行编辑。当输入文本后，要想重新设置文本显示的范围，可以使用【选择工具】选中文本，并且将光标指向文本框右侧，进行左右拖动。这时文本框会根据其宽度来决定高度，使其中的文本完整显示。

在 Animate 软件中，文本虽然能够通过其属性来改变文字的外观，但是还是无法脱离文字的限制。如果将文字转换为图形，就可以对其进行修改，例如边缘的变形与渐变颜色填充等。如果是单个文字，那么选中该文字，执行【修改】→【分离】命令，即可将文字转换成图形。如果是两个或者两个以上文字，则按 Ctrl+B

快捷键两次，执行两次该命令，即可将段落文本分离为单个文字，然后再转换为图形，这时将光标放在字母轮廓的边缘上，就可以看到在鼠标指针的右下角出现一个直角线，单击并拖动鼠标后，字母的形状就会发生变化，说明文本已转换为图形，如图 2-118 所示。

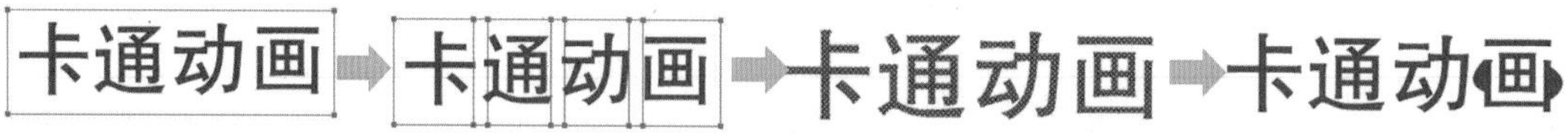

图 2-118

3. 设置文本属性

在选择【文本工具】后，【属性】面板中显示该工具的设置选项——【字符】和【段落】选项组。当输入文本后选中该文本，那么【属性】面板中除了显示上述设置选项外，还显示【位置和大小】、【选项】和【滤镜】选项组，这说明文本的属性可以在输入之前设置，也可以在输入之后设置。

设置文本基本选项：选中文本后，在【属性】面板中可以直接查看该文本的所在位置、大小、字体、颜色等基本选项，从而改变文本的外观。

设置段落格式属性：面板中的【段落】选项组主要用来控制段落文本的对齐方式，以及行距等选项，从而改变段落文本的显示外观。

要想改变文字的显示方向，也可以在选中文字后，单击【改变文本方向】按钮，选择子选项。

4. 综合绘制技能实训

实训项目一：渐变文字

新建文件，导入背景素材；新建图层，输入文字，如图 2-119 所示。在属性栏设置字体及大小，按两次 Ctrl+B 组合键打散文字，如图 2-120 所示。填充渐变色和轮廓色，完成渐变文字，如图 2-121 所示。

图 2-119

图 2-120

图 2-121

实训项目二：滤镜文字

新建文件，导入背景素材；新建图层，输入文字，如图 2-122 所示。在属性栏设置字体及大小，按两次 Ctrl+B 组合键打散文字，填充渐变色和轮廓色，如图 2-123 所示。在属性栏设置投影滤镜，完成滤镜文字，如图 2-124 所示。

图 2-122

图 2-123

图 2-124

三、学习任务小结

通过本次课的学习，同学们对创建多种文本的方法、文本的基本操作方法、设置文本对齐的方法、设置文本变形的方法、使用文本滤镜类型的方法和制作文本实例的方法有了全面的认识。同学们课后需要复习本次课讲解的知识点，并通过操作实训熟悉这些工具的使用方法。同时，记住工具命令和快捷键，为后续的软件操作做好准备。

四、课后作业

练习创建多种文本的方法，以及文本的基本操作方法、设置文本对齐的方法、设置文本变形的方法、使用文本滤镜类型的方法和制作文本实例的方法。

项目三
动画制作初步

学习任务一　元件与库
学习任务二　动画基础

元件与库

教学目标

（1）专业能力：能熟练掌握定义元件、创建元件、编辑元件、应用实例的方法。掌握【库】面板和库的作用，应用库、编辑库、创建公共库、共享库资源的方法。

（2）社会能力：善于动脑，勤于思考，能收集和整理动画案例，并进行相关特点分析。

（3）方法能力：细致的观察能力、精要的描述能力、熟练的绘制能力。

学习目标

（1）知识目标：了解 Animate 软件中元件与库。

（2）技能目标：能够创建元件、编辑元件、应用库、编辑库。

（3）素质目标：能根据学习要求与安排进行信息收集与分析整理，并进行沟通与表达，具备团队协作能力和一定的语言表达能力，培养自己的综合职业能力。

教学建议

1. 教师活动

（1）教师通过前期收集的动画广告展示，提高学生对动画元件的直观认识。同时，运用多媒体课件、教学视频等多种教学手段，讲授元件与库的学习要点，指导学生创建元件。

（2）教师通过对优秀动画作品的展示，让学生感受如何从日常生活和各类型设计案例中提炼设计元素，并创造性地进行重组和绘制。

2. 学生活动

（1）观察各种卡通造型，尝试思考和描绘造型特点，根据老师的创建思路，使用不同绘图工具创建元件。

（2）观看教师的示范，分析与创建元件，掌握 Animate 软件元件创建思路，提高手绘能力。

一、学习问题导入

矢量图形与动画之间还需要借助一种动画元素，那就是元件，虽然矢量图形也能够直接创建动画，但是效果有限，要想制作样式丰富的动画效果，就需要将图形转换为不同种类的元件，而所有的元件和外部的位图文件，均能够储存在 Animate 软件提供的【库】面板中，灵活掌握、管理该面板以及其中的元素，就能够合理地选择及使用这些资源，并可以预测工作的最佳设计选项。

二、学习任务讲解与技能实训

1. 认识元件

Animate 软件中的元件可以根据它们在影片中发挥作用的不同，分为图形、影片剪辑和按钮三种类型，它们在影片中发挥着各自的作用，是构成动画的主体。元件也包含从其他程序中导入的插图。动画中的元件，就像影视剧中的演员、道具，都是具有独立身份的元素，元件可以反复使用，因而不必重复制作相同的部分，以提高工作效率。

元件一旦被创建后，就会自动添加到当前库中，当元件应用到动画中后，只要对元件进行修改，动画中的元件就会自动地作出修改。元件可以是图形，也可以是动画。创建的元件都自动保存为库的一部分，元件只在动画中储存一次，不管引用多少次，它在动画中都只占用很少的空间，可以通过减小动画文件的大小，提高动画的播放速度。

实例是元件在场景中的应用，它是位于舞台上或嵌套在另一个元件内的元件副本。实例的外观和动作无须和元件一样，每个实例都可以有不同的颜色和大小，并可以提供不同的交互作用。编辑元件时会更新元件的所有实例，但对元件的一个实例应用效果则只更新该实例。

图形元件：图形元件是最常使用的元件。对于静态图像，可以使用图形元件，例如矢量图和位图。它与影片的时间轴同步动作，交互式控件和声音不会在图形元件的动作系列中起作用，如图 3-1 所示。

影片剪辑元件：影片剪辑元件本身就是一段动画，使用影片剪辑元件可创建重复使用的动画片段，并且影片剪辑元件可以独立播放，拥有独立于主时间轴的多帧时间轴。当播放主动画时，影片剪辑元件也在循环播放，它们可以包含交互式控件、声音甚至其他影片剪辑实例，也可以将影片剪辑实例放在按钮元件的时间轴内，以创建动画按钮。此外，可以使用 ActionScript 对影片剪辑进行改编，如图 3-2 所示。

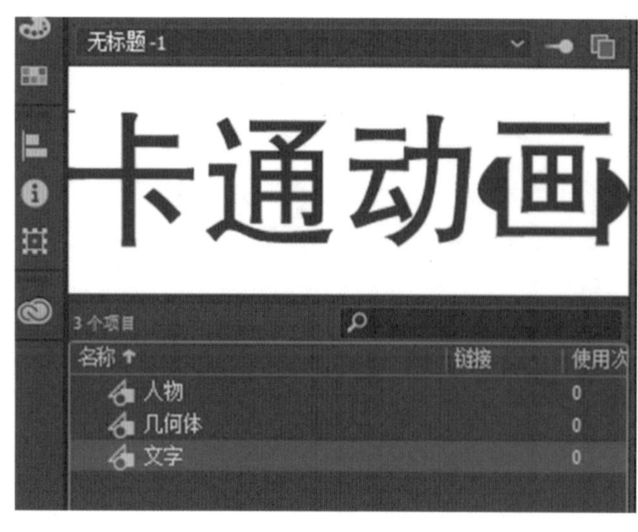

图 3-1

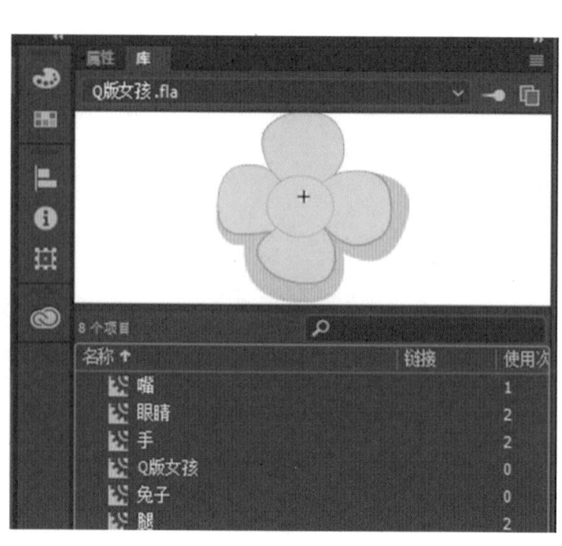

图 3-2

按钮元件：按钮元件主要用于建立交互按钮，按钮的时间轴有特定的四帧，它们被称为状态，这四种状态分别为【弹起】、【指针经过】、【按下】和【点击】，用户可以在不同的状态下创建不同的内容制作按钮，首先要制作与不同的按钮状态相关联的图形，为了使按钮有更好的效果，还可以在其中加入影片剪辑元件或音频文件，如图 3-3 所示。

此外，还可以创建字体元件。该元件可以导出字体，并在其他影片中使用。

图 3-3

2. 创建元件

在制作动画时，使用元件可以提高编辑动画的效率，使创建复杂的交互效果变得更加容易。如果想更改动画中的重复元素，只需要修改元件，Animate 将自动更新所有应用该元件的实例。

要创建元件，可以执行【插入】→【新建元件】命令（快捷键 Ctrl+F8），打开【创建新建元件】对话框，对话框中的【类型】下拉列表中包括不同的元件类型。

创建图形元件：创建图形元件的对象可以是导入的位图图像、矢量图像、文本对象，以及用 Animate 软件工具创建的线条、色块等。

在 Animate 软件中要创建图形元件，可以通过两种方式。一种是按 Ctrl+F8 快捷键，打开【创建新元件】对话框，在【类型】下拉列表中选择【图形】选项，创建“元件 1”图形元件，即可在其中绘制图形对象，如图 3-4 所示。另一种是选择相关元素，执行【修改】→【转换为元件】命令（快捷键 F8），弹出【转换为元件】对话框。在【类型】下拉列表中选择【图形】选项，单击【确定】按钮，这时场景中的元素就变成了元件，如图 3-5 所示。

图 3-4

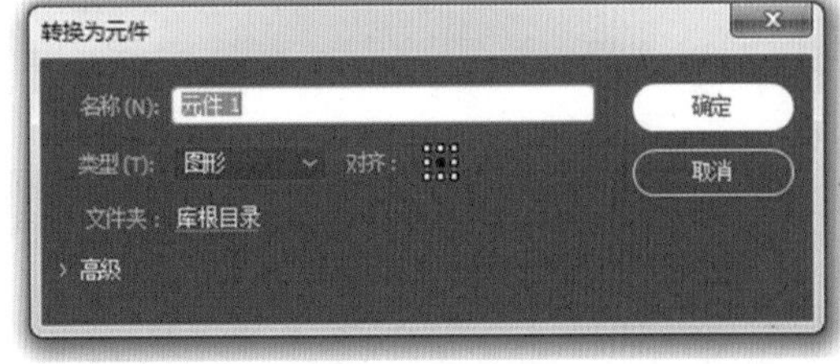

图 3-5

无论是【创建新元件】对话框，还是【转换为元件】对话框，对话框中的选项基本相同。当单击【库根目录】选项时，会弹出【移至】对话框，将元件保存在新建文件夹或者现有的文件夹中。

元件默认的注册点为左上角，如果在对话框中单击注册的中心点，那么元件的中心点会与图形中心点重合。

创建影片剪辑元件：影片剪辑元件就是人们平时常说的 MC（Movie Clip）。通常，可以把场景上任何看得到的对象，甚至整个【时间轴】内容创建为一个 MC，而且可以将这个 MC 放置到另一个 MC 中。

在 Animate 软件中，创建影片剪辑元件的方法与图形元件的创建方法相似，不同的是在【创建新元件】或【转换为元件】对话框中，要选择【类型】下拉列表中的【影片剪辑】选项。

创建按钮元件：在 Animate 软件中，创建按钮元件的对象可以是导入的位图图像、矢量图形文本对象，以及用 Animate 软件工具创建的任何图形。要创建按钮元件，可以在打开的【创建新元件】或【转换为元件】

对话框中，选择【类型】下拉列表中的【按钮】选项，并单击【确定】按钮，进入按钮元件的编辑环境。

按钮元件除了拥有图形元件全部的变形功能外，其特殊性还在于它具有四个状态帧：【弹起】、【指针经过】、【按下】和【点击】。在前三个状态帧中，可以放置除按钮元件本身外的所有 Animate 对象，在【点击】中内容是一个图形，该图形决定着当鼠标指向按钮时的有效范围。它们各自的功能如下：【弹起】代表指针没有经过按钮时该按钮的状态，如图 3-6 所示；【指针经过】代表当指针划过按钮时该按钮的外观，如图 3-7 所示；【按下】代表单击按钮时该按钮的外观，如图 3-8 所示；【点击】用于定义响应鼠标单击的区域，此区域在 SWF 文件中是不可见的，如图 3-9 所示。

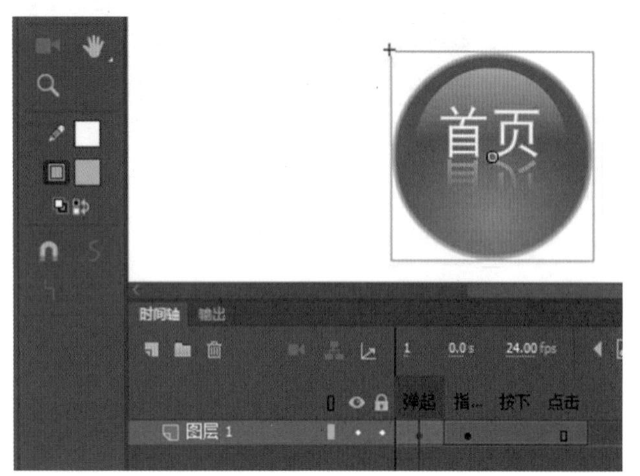

图 3-6

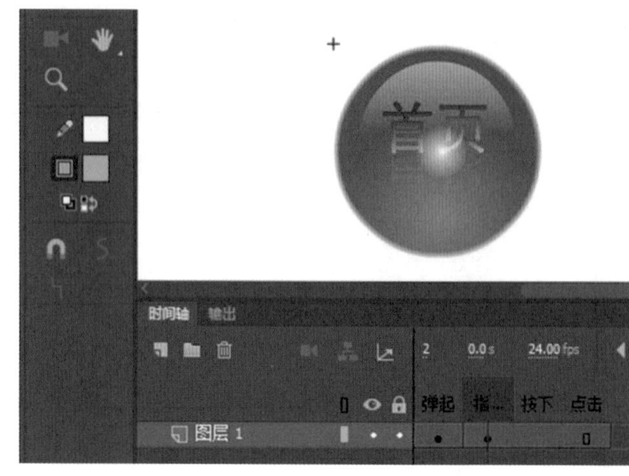

图 3-7

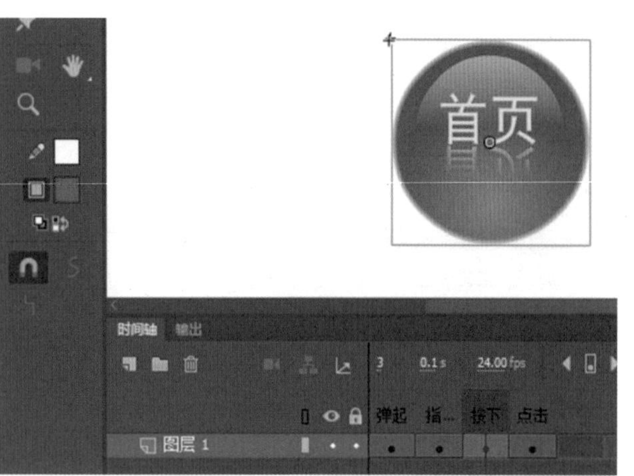

图 3-8

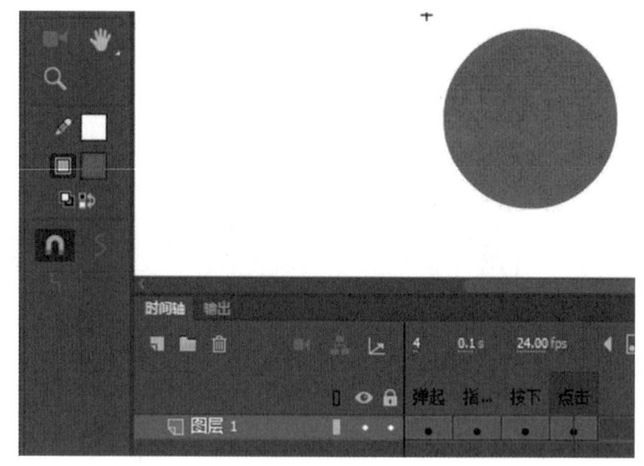

图 3-9

选中【指针经过】动画帧并执行【修改】→【时间轴】→【转换为关键帧】命令（快捷键 F6），Animate 会插入复制了【弹起】动画帧内容的关键帧。然后再编辑该图形，使其有所区别。

最后使用同样的方法来创建【按下】状态和【点击】状态下的图形效果。创建好按钮元件后，将该按钮元件放置在场景中，执行【控制】→【测试影片】命令（快捷键 Ctrl+Enter），即可查看按钮的不同状态效果。最终效果如图 3-10 所示。

图 3-10

3. 编辑元件

对于创建好的元件，我们还可以对其进行编辑，编辑元件时 Animate 将更新文档中该元件的所有实例，以反映编辑的结果。

在当前位置编辑元件：在舞台中双击某个元件实例，即可进入元件编辑模式（见图 3-11），此时其他对象以灰度方式显示，这样有利于和正在编辑的元件区分，同时正在编辑的元件名称显示在舞台上方的编辑栏中，该元件位于当前场景名称的右侧。

图 3-11

这时我们可以根据需要编辑该元件，编辑好元件后，单击【返回】按钮，或者在空白区域双击，即可返回场景。

在新窗口中编辑元件：是指在一个单独的窗口中编辑元件。在单独的窗口中编辑元件时，可以同时看到该元件和主时间轴，正在编辑的元件名称会显示在舞台上方的编辑栏内。在舞台上，选择该元件的一个实例，右击并执行【在新窗口中编辑】命令，进入新窗口编辑模式。编辑好元件后，单击窗口右上角的【关闭】按钮，关闭新窗口，然后在主文档窗口内单击，返回到编辑主文档状态下。

4. 认识库

在 Animate 中，【库】面板是影片中所有可以重复使用的元素的存储仓库，各种元件都放在【库】面板中，使用时只需从该面板中调用即可。

在 Animate 中，【库】是元件和实例的载体，使用【库】面板可以对各种可重复使用的资源进行合理的管理和分类，从而方便在编辑影片时使用这些资源。

【库】面板中的文件，除了 Animate 影片的三种元件类型，还包含其他的素材文件，一个复杂的 Animate 影片还会使用到一些位图、声音、视频、文字字形等素材文件，每种元件将被作为独立的对象存储在元件库中，并且用对应的元件符号来显示其文件类型。

【库】面板的名称列表框中包含了库中所有项目的名称，用户可以在工作时查看，并组织这些项目。【库】面板中，项目名称旁边的图标指明了该项目的文件类型，在 Animate 工作时可以打开任意的 Animate 文档的库，并且能够将该文档库项目应用于当前文档。选择【窗口】→【库】，即可展开【库】面板，如图 3-12 所示。

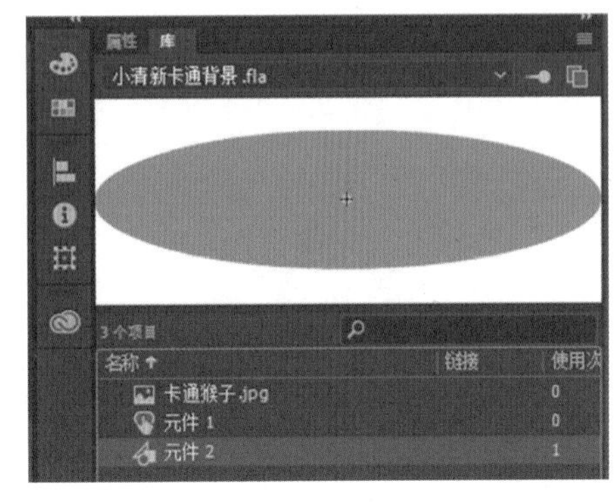

图 3-12

在 Animate 中，如果要制作比较复杂的动画，需要导入大量的素材或对象到【库】面板中，可以运用【库】面板中左下方的四个按钮，如图 3-13 所示，对库文件进行编辑。这些按钮的作用如下：【新建元件】按钮，该按钮的作用相当于选择

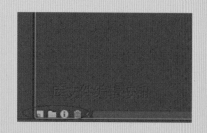

图 3-13

【插入】→【新建元件】，单击该按钮后，将弹出【创建新元件】对话框，在其中可以为新元件命名，并选择其类型；【创建文件夹】按钮，单击该按钮可创建一个文件夹，对其进行重命名后，可将类似或相关联的一些文件存放在该文件夹中；【属性】按钮，用于查看和修改库中文件的属性；【删除】按钮，用于删除库文件列表中的文件或文件夹。

5. 综合绘制技能实训

实训项目一：图形元件实训

制作步骤：新建空白文档，在图层 1 使用【矩形工具】和【渐变变形工具】绘制渐变蓝色天空背景。新建图层 2，使用【钢笔工具】绘制白云和山。新建图层 3，使用【钢笔工具】绘制大象身体（注意是封闭图形），在属性栏设置钢笔【样式】为虚线，如图 3-14 所示。点鼠标右键，在弹出的菜单中选择【转换为元件】，将大象身体转换为“大象”图形元件，如图 3-15 所示。双击“大象”元件进入元件编辑窗口。在元件里，新建图层 2。复制图层 1 的图形，执行【粘贴在当前位置】（快捷键 Ctrl+Shift+V），运用【部分选择工具】等比例放大粘贴的图形并填充颜色，如图 3-16 所示。接着新建图层绘制剩下的图形（注意分图层），如图 3-17 ~ 图 3-20 所示。完成绘制后返回场景 1，如图 3-21 所示。保存并按 Ctrl+Enter 键，测试影片。

图 3-14

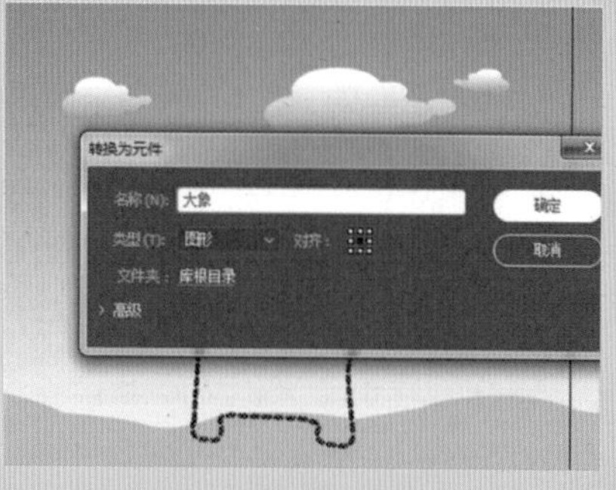

图 3-15

图 3-16

图 3-17

图 3-18

图 3-19

图 3-20

图 3-21

实训项目二：影片剪辑元件实训

制作步骤：新建空白文档，在图层 1 拖入背景图片，新建图层 2，使用【钢笔工具】绘制一个不规则图形，再运用【变形】工具旋转并复制，制作放射状图形，如图 3-22 所示。选中图层 2 的放射状图形，点鼠标右键，在弹出的菜单中选择【转换为元件】，选择元件类型为【影片剪辑】，按【确定】按钮，如图 3-23 所示。双击元件进入元件编辑窗口，把图层 1 第 1 帧的放射状图形转换成图形元件，在第 70 帧插入关键帧（F6），如图 3-24 所示。在第 1 帧点鼠标右键，在弹出的菜单中选择【创建传统补间】，如图 3-25 所示。返回场景 1，新建图层 3，输入文字，如图 3-26 所示。保存并按 Ctrl+Enter 键，测试影片。

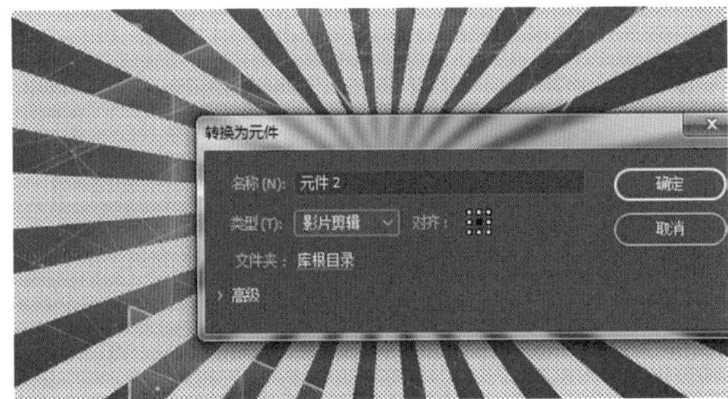

图 3-22

图 3-23

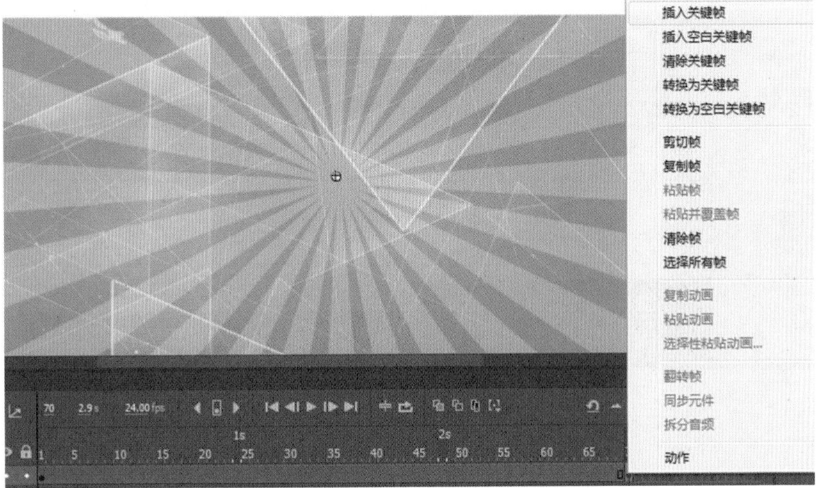

图 3-24

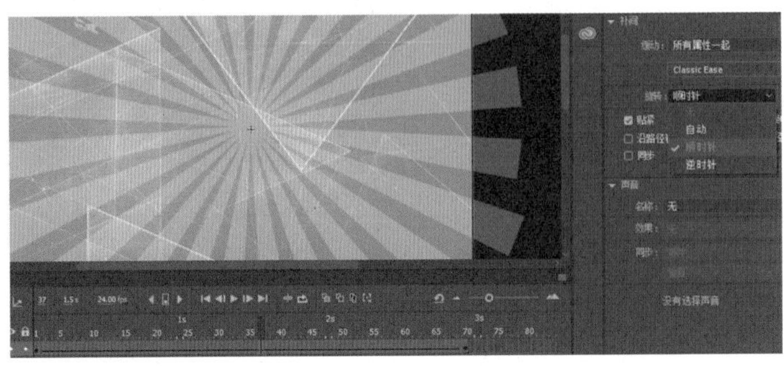

图 3-25

图 3-26

实训项目三：按钮元件实训

制作步骤：新建空白文档，导入图片素材至库；执行【插入】→【创建新元件】命令，在弹出的【创建新元件】对话框中，设置类型为【按钮】，如图 3-27 所示。在【弹起】帧中拖入紫色心形图片，在属性栏设置 x、y 轴都为 0，宽 400 像素，高 336 像素（见图 3-28）；在【指针经过】帧中插入空白关键帧，如图 3-29 所示。拖入橙色心形图片，在属性栏设置 x、y 轴都为 0，宽 400 像素，高 336 像素，如图 3-30 所示。在【按下】帧中插入空白关键帧，拖入蓝色心形图片，在属性栏设置 x、y 轴都为 0，宽 400 像素，高 336 像素，如图 3-31 所示。在【按下】帧中插入空白关键帧，使用【矩形工具】绘制一个矩形，大小为 400 像素 ×336 像素，填充任意颜色，无笔触，如图 3-32 所示。返回场景 1，在舞台上拖入按钮元件，如图 3-33 所示。保存并按 Ctrl+Enter 键，测试影片。

图 3-27

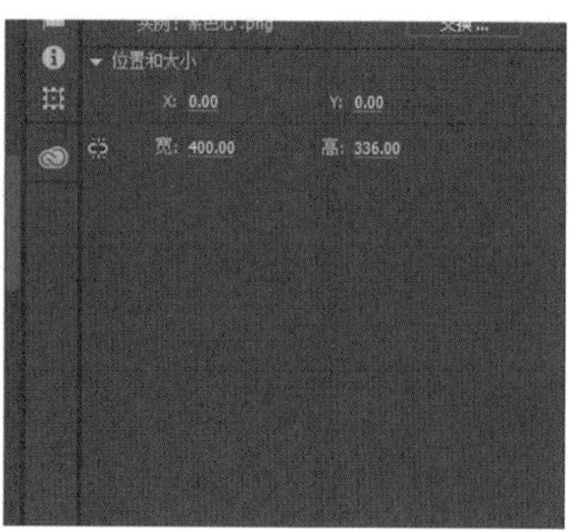

图 3-28

图 3-29

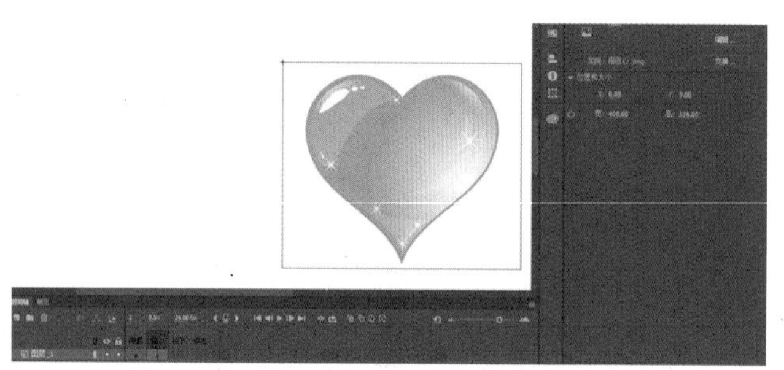

图 3-30

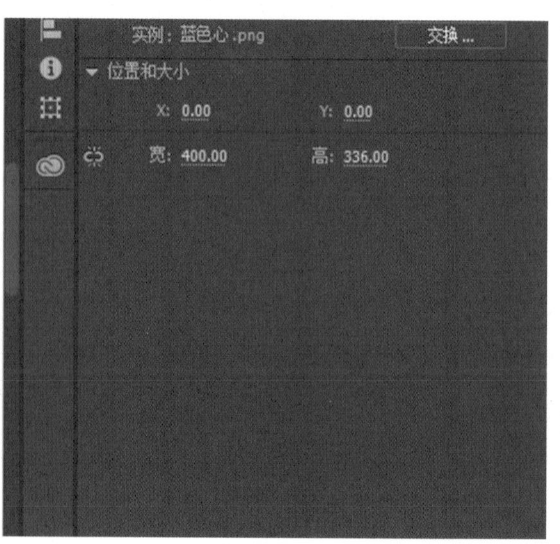

图 3-31

图 3-32

图 3-33

三、学习任务小结

通过本次课的学习，同学们对定义元件、创建元件、编辑元件，以及应用库、编辑库、创建公共库、共享库资源的方法有了全面的认识。同学们课后需要复习本次课讲解的知识点，并通过操作实训熟悉这些工具的使用方法。同时，记住工具命令和快捷键，为后续的软件操作做好准备。

四、课后作业

练习创建元件、编辑元件、应用库、编辑库的方法。

学习任务二 动画基础

教学目标

（1）专业能力：掌握动画原理、帧的各个类型和帧的剪辑方法，能通过连续帧制作简单逐帧动画和传统补间动画。

（2）社会能力：善于动脑，勤于思考，能收集和整理动画案例，并进行相关特点分析。

（3）方法能力：细致的观察能力、精要的描述能力、熟练的绘制能力。

学习目标

（1）知识目标：了解动画的基本原理。

（2）技能目标：能够制作简单的逐帧动画及传统补间动画。

（3）素质目标：能根据学习要求与安排进行信息收集与分析整理，并进行沟通与表达，具备团队协作能力和一定的语言表达能力，培养自己的综合职业能力。

教学建议

1. 教师活动

（1）教师通过前期收集的网络动画展示，提高学生对动画的直观认识。同时，运用多媒体课件、教学视频等多种教学手段，讲授动画原理的学习要点，指导学生制作简单的逐帧动画和传统补间动画。

（2）教师通过对优秀动画作品的展示，让学生感受如何从日常生活和各类型设计案例中提炼设计元素，并创造性地进行重组和绘制。

2. 学生活动

（1）观察各种网络动画，尝试思考和描绘动画特点，根据老师的思路，使用不同绘图工具制作简单动画。

（2）观看教师的示范，分析与制作动画，掌握 Animate 动画原理。

一、学习问题导入

现在网络上各种动画广告铺天盖地，冲击着我们的眼球，同学们是否也想按自己的想法制作炫酷的动画呢？那么，演员和库都准备好了，我们可以做动画了吗？答案是否定的，因为做动画前我们还要了解动画的原理和动画元素中时间轴、帧的概念以及简单动画的类型。

二、学习任务讲解与技能实训

1. 动画原理

（1）动画的基本知识。

动画是通过把人物的表情、动作、变化等分解成许多动作瞬间的画幅，再用摄影机连续拍摄成一系列画面，给视觉造成连续变化的图画。它的基本原理与电影、电视一样，都是视觉暂留原理。医学证明人类具有“视觉暂留”的特性，人的眼睛看到一幅画或一个物体后，在 0.34 秒内不会消失。利用这一原理，在一幅画还没有消失时播放下一幅画，就会给人造成一种流畅的视觉变化效果。

Animate 动画与电影一样，都是基于帧构成的。它通过连续播放若干静止的画面来产生动画效果，而这些静止的画面就被称为帧，每一帧类似于电影底片上的每一格图像画面。控制动画播放速度的参数，称为 FPS（每秒播放的帧数），Animate 动画的制作过程中，一般将每秒的播放帧数设置为 12，但即使这样设置，仍然有很大的工作量。因此引入了关键帧的概念，在制作动画时，可以先制作关键帧画面，关键帧之间的帧则可以通过插值的方式来自动产生，这样就大幅提高了动画制作的效率。

① 时间轴：时间轴是动画产生时使用图层、帧组织和控制动画内容的窗口，层和帧的内容都会随着时间的改变而发生变化，从而产生动画效果。

时间轴主要由帧、层和播放指针组成。我们可以改变时间轴的位置，将时间轴停靠在程序窗口的任意位置，图层信息显示在【时间轴】面板的左侧空间，帧和播放指针显示在右侧空间。可以使用组合键 Ctrl+Alt+T 打开【时间轴】面板，如图 3-34 所示。

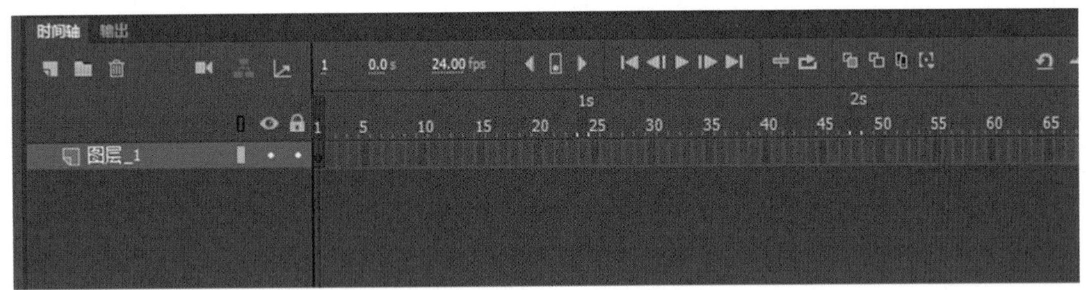

图 3-34

在时间轴的上部有一排工具，使用这些工具可以编辑图层，也可以改变帧的显示方式，方便观察动画细节。在舞台中，同一时间内只能显示动画系列的一帧，为了帮助定位和编辑动画，可能需要查看多帧，使用【洋葱皮工具】就可以查看多帧。【洋葱皮工具】各选项含义如下。

【帧居中】：单击该按钮可以移动【时间轴】面板的水平以及垂直滑块，使当前的帧移至【时间轴】面板的中央，以方便观察和编辑。

【绘图纸外观轮廓】：单击该按钮会显示当前帧的前后几帧，当前帧正常显示，非当前帧以轮廓线形式显示，在图案比较复杂时，仅显示轮廓线有助于正确定位。

【编辑多个帧】：对各帧的编辑对象进行修改时需要用到该按钮，单击【绘图纸外观】按钮或【绘图纸外观轮廓】按钮，然后单击【编辑多个帧】按钮，即可对整个系列中的对象进行修改。

【修改绘图纸标记】：单击该按钮可以设定洋葱皮显示的方式。

【当前帧】：在此显示播放镜头所在的帧数。

【帧速率】：显示播放动画时每秒所播放的帧数。

【运行时间】：从动画的第 1 帧运行到当前帧所需要的时间。

② 帧：在【时间轴】面板中可以很明显地看出帧位于右侧区域内，一小格区域代表一帧，不同帧即为不同的时刻，画面会随着帧的不同而不同。

帧是组成 Animate 动画的最基本单位，我们通过在不同的帧中放置相应的动画元素（如矢量图、位图、文字、声音或视频等）完成动画的基本编辑，通过对这些帧进行连续的播放，实现动画效果。

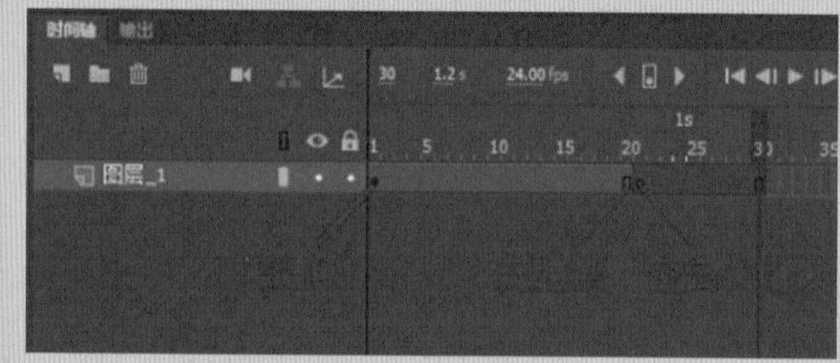

图 3-35

a. 分类：根据帧的不同功能，可将帧分为普通帧、关键帧和空白关键帧 3 种，如图 3-35 所示。

普通帧：普通帧也称为静态帧，是由系统经过计算自动生成的，通常位于关键帧的后方，仅作为关键帧之间的过渡，用于延长关键帧中的动画播放时间，因此，用户无法直接对普通帧上的对象进行编辑，它在【时间轴】面板中以一个灰色方块表示。

关键帧：关键帧在【时间轴】面板中以一个黑色实心圆点表示，是指在动画播放过程中表现关键性动作或关键性内容变化的帧，关键帧定义了动画的变化环节，如补间动画的起点和终点以及逐帧动画的每一帧都是关键帧。一般的动画元素，必须在关键帧中进行编辑。

空白关键帧：空白关键帧在【时间轴】面板中以一个空心圆表示，该关键帧中没有任何内容，这种帧主要用于结束前一个关键帧的内容或用于分隔两个相连的补间动画。每层的第一帧被默认为空白关键帧，可以在上面创建内容，一旦创建了内容，空白关键帧即变成了关键帧。

b. 选择帧：Animate 软件提供了两种不同的方式在时间轴上选择帧。一是在基于帧的选择（默认情况）中，可以在时间轴中选择单个帧；二是基于整体范围的选择中，在单击一个关键帧到下一个关键帧之间的任何帧时，整个帧系列都被选中。

如果要选择时间轴上的某一帧，只需要单击该帧，帧即显示一个浅蓝色的背景。

如果想要选择某一范围中的连续帧，首先选择任意一帧，如第 10 帧作为该范围的起始帧，然后按住 Shift 键不放，并选择另外一帧作为该范围的结束帧，此时将会发现这一范围内的所有帧都被选中。

如果想要选择某一范围内多个不连续的帧，可以在按住 Ctrl 键的同时，选择其他帧。如果想要选择时间轴上的所有帧，可以执行【编辑】→【时间轴】→【选择所有帧】命令。如果时间轴中包含有多个图层，执行【编辑】→【时间轴】→【选择所有帧】命令将会选择所有图层中的所有帧。

如果想要选择整个静态帧范围，双击两个关键帧之间的任意一帧即可。

c. 编辑帧：我们可以根据需要在【时间轴】面板中编辑各种帧，在创建帧或关键帧后，可将其移至当前图层中的其他位置或其他层，可以删除该帧，也可以进行其他的编辑操作。

帧的操作是制作动画时使用频率最高且最基本的操作，主要包括插入帧、复制帧、删除帧、移动帧、翻转帧、改变动画的长度以及清除关键帧等。

插入帧：在时间轴上任意一帧单击鼠标右键，执行【插入帧】、【插入关键帧】或【插入空白关键帧】命令，即可在所选择的位置插入一个普通帧、关键帧或空白关键帧。

复制和粘贴帧：在时间轴上，选择单个或多个帧，然后单击并执行【复制帧】命令，即可复制当前所选择的所有帧。在需要粘贴帧的位置，选择一个或多个帧，然后右击并执行【粘贴帧】命令，即可将复制的帧粘贴或覆盖到该位置。选择需要复制的一个或多个连续帧，然 后按住 Alt 键不放并拖动至目标位置，即可将其粘贴到该位置。

删除帧：选择时间轴上一个或多个帧，然后右击并执行【删除帧】命令，即可删除当前选择的所有帧，在删除所选的帧之后，其右侧的所有帧将向左移动相应的帧数。

移动帧：选择时间轴上一个或多个连续的帧，将鼠标放置在所选帧的上面，当光标的右下方出现一个矩形图标时，单击鼠标并拖动至目标位置，即可移动当前所选择的所有帧。

更改帧系列的长度：将光标放置在帧系列的开始帧或结束帧处，按住 Ctrl 键使光标改变为左右箭头图标时，向左或向右拖动即可更改帧系列的长度。例如，将光标放置在时间轴的第 20 帧处，按住 Ctrl 键不放并向右拖动至第 50 帧，即可延长该帧系列的长度至 50 帧。

（2）动画的分类。

用 Animate 制作动画时，使前后相邻的两个帧中的内容发生变化，即可形成动画。动画的制作分为两种类型，分别是逐帧动画和补间动画。

逐帧动画是指时间轴上每一帧中的内容都有所改变，其原理是在“连续的关键帧”中分解动画动作，需要更改每一帧中的动画内容，逐帧动画中的每一帧都是关键帧，如图 3-36 和图 3-37 所示。因此，逐帧动画制作时非常烦琐，而且文件也较大，但是逐帧动画有自己的优势，它具有很强的灵活性，几乎可以表现任何想表现的内容，适合做细腻的动画，如动画中人物的各种动作等。创建逐帧动画的方法有两种：一种是通过在时间轴中更改连续帧的内容来完成；另一种是通过导入图像序列来完成，该方法需要导入不同内容的连贯性图像。

图 3-36

图 3-37

补间动画是计算机动画领域的一个术语，是计算机根据两个关键帧而自动制作的动画。补间动画又分为传统补间动画和形状补间动画。

补间动画是计算机动画技术的一项突破性进展，其简化了动画制作的过程，降低了动画制作的难度。补间动画可以定义元件在某一帧中的位置、大小、倾斜、旋转、颜色、滤镜等属性，然后在另一帧中改变这些属性，从而得到两者之间的动画效果，如图 3-38 所示。

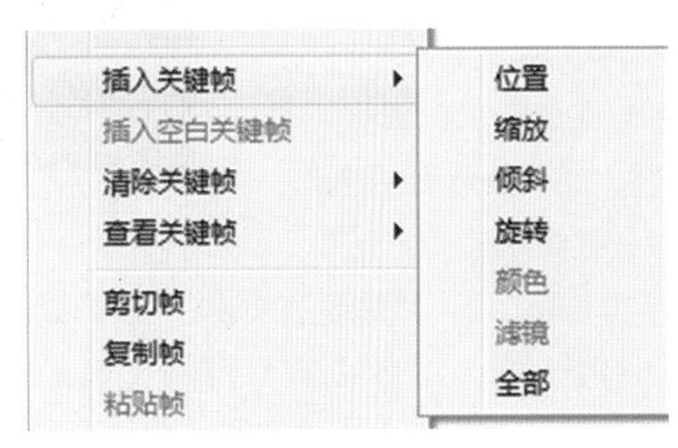

图 3-38

补间动画以元件对象为核心。一切补间的动作都是基于元件的。因此，在创建补间动画前，首先应创建元件，然后将元件放到关键帧中。

补间动画是由关键帧和补间帧组成的，因此创建补间动画还需要为元件所在的关键帧添加多个普通帧。例如，为元件所在的图层建立自第 10 到 50 帧的普通帧，然后即可右击图层中任意一个普通帧或者关键帧，执行【创建补间动画】命令。此时，首关键帧和尾关键帧后面的普通帧都将变成浅蓝色。在完成创建补间动画后，即可选中图层中的最后一帧，右击执行【插入关键帧】命令，根据需要制作的补间动画类型执行相应的命令。在补间动画中，允许我们插入 7 种关键帧，即【位置】、【缩放】、【倾斜】、【旋转】、【颜色】、【滤镜】和【全部】。其中，前 6 种针对 6 种补间动作类型，第 7 种则可支持所有补间类型。在 7 种关键帧中，【颜色】关键帧和【滤镜】关键帧只有为首关键帧设置相应的颜色属性或滤镜属性后才可使用。

在创建补间动画后，还需要为补间动画添加补间动作，以使补间动画真正“动”起来。编辑 6 种补间动画的方式大致相同，都需要先设置首关键帧的属性，然后设置尾关键帧的属性。例如制作一个长 50 帧的补间动画，控制一辆汽车自远方行驶到近处，首先需要导入影片的背景和汽车，并将汽车转换为影片剪辑元件，创建补间动画。在汽车所在的图层首关键帧的【属性】面板中的【色彩效果】选项组的【样式】下拉列表中选择 Alpha 选项，设置 Alpha 为 40%，在滤镜中设置模糊为 18，缩小元件至 20%。然后选中汽车元件所在的图层第 35 帧，点鼠标右键，执行【插入关键帧】→【位置】命令，创建关于位置的关键帧。选中元件的第 35 关键帧，再选中元件，然后拖动元件位置，即可在【变形】面板中设置元件放大至 100%，同时，在【属性】面板中的【色彩效果】选项组的【样式】下拉列表中选择 Alpha 选项，设置 Alpha 为 100%，在滤镜中设置模糊为 0，完成补间动画的编辑。具体如图 3-39 和图 3-40 所示。

图 3-39

图 3-40

在 Animate 中，提供了位置补间动画的运动轨迹线，允许我们使用鼠标调节补间元件的运动轨迹，轻松地制作弧线运动轨迹的动画，如图 3-41 所示。在可视化编辑位置补间动作时，首先应创建关键帧，为关键帧中的补间元件创建补间动画，并为元件的尾关键帧设置好位移。此时，场景中将显示一条元件的运动轨迹线，其中圆点代表元件的补间帧。选择【选择工具】，将鼠标悬停在元件的运动轨迹上方，待鼠标光标转换为弧线以后即可拖曳元件的运动轨迹，使元件按照弧线运动。我们也可以在【时间轴】面板中为元件多创建几个关键帧，然后就可以为元件运动轨迹线添加一些端点。使用鼠标拖曳这些端点，可以使元件以更复杂的运动轨迹进行运动。除此

图 3-41

之外，我们还可以在【工具】面板中选择【转换锚点工具】，随意单击运动轨迹上的点，然后选择【选择工具】，拖曳运动轨迹上的锚点使元件按照折线轨迹进行运动。

传统补间动画并非基于某一个元件，而是基于某个图层中的所有内容。传统补间动画支持设置图层中元件的各个属性，包括颜色、大小、位置和角度等，同样也可以为这些属性建立一个变化的关系。创建传统补间动画的方式与创建补间动画有一定的区别。首先我们需要先创建图层，并在图层上绘制或导入元件，然后即可为图层添加普通帧（用于补间）和尾关键帧。

选中任意一个用于补间的普通帧，然后右击鼠标，执行【创建传统补间】命令，为两个关键帧之间的各普通帧创建传统补间，此时首关键帧和补间帧均会转换为紫色，如图 3-42 所示。Animate 软件允许我们在【属性】面板中为传统补间动画设置旋转以及缓动等动作。

为传统补间动画设置缓动有两种方法。选中补间帧，然后我们可以直接在【属性】面板中的【补间】选项组的【缓动】选项右侧单击蓝色横线，输入缓动的幅度数字。Animate 将自动把缓动应用于元件中。除了输入元件缓动的幅度值以外，还允许我们通过可视化的界面设置缓动。例如，选中任意补间帧，在【属性】面板中的【补间】选项组中单击【编辑缓动】按钮。然后在弹出的【自定义缓入、缓出】对话框中用鼠标按住缓动的矢量速度端点，对其进行拖曳，以实现基于缓动的旋转动画。在完成缓动设置后，即可单击【确定】按钮。

Animate 允许我们自定义元件旋转的方向，包括自动设置、顺时针和逆时针 3 种。在【时间轴】面板中选择任意一个补间帧，然后即可在【属性】面板中的【补间】选项组的【选中】的下拉列表中选择自定义的旋转方向，以及右侧的旋转次数，如图 3-43 所示。除了缓动和旋转方向外，Animate 还在【属性】面板中提供了其他一些旋转的选项。选中任意补间帧，即可进行其他旋转设置。

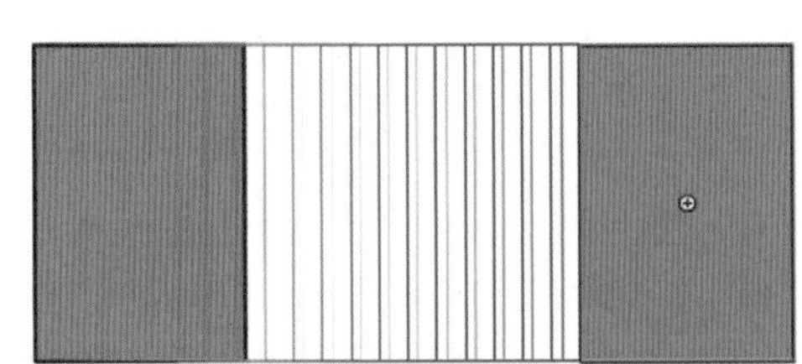

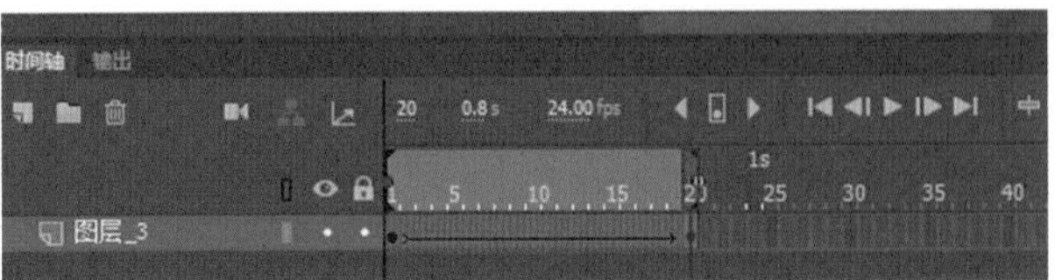

图 3-42

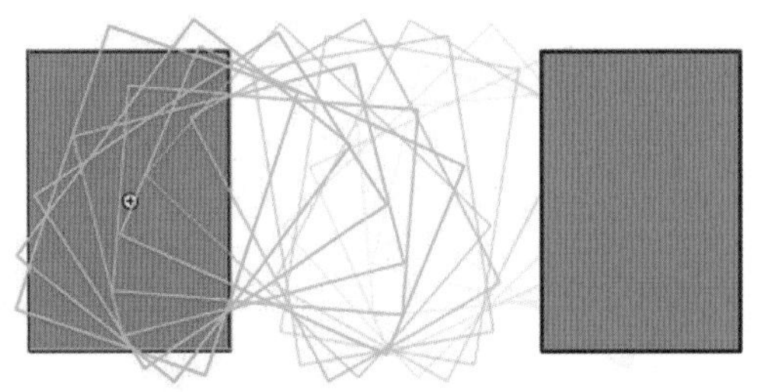

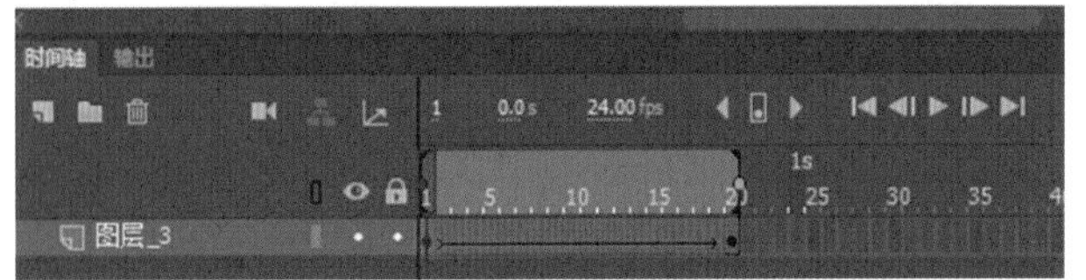

图 3-43

形状补间动画以对象的形状来定义动画，即在某一帧定义动画的形状，然后在另一帧中改变它的形状。因此，以两个关键帧中的笔触和填充为运动的基本单位，自动生成两个形状之间的光滑变化过渡效果。所有变化都围绕着这两个帧中的笔触和填充展开。

Animate 可以方便地将任何打散的图形制作为形状补间动画。在 Animate 文档中新建图层，在图层上绘制三个关键帧的元件。然后，分别在三个关键帧之间插入 10 个普通帧，将 3 个关键帧之间的距离拉开。在第 1 个和第 2 个关键帧中选择任意一个普通帧，右击鼠标，执行【创建补间形状】命令，即可将普通帧转换为补间形状帧。

用同样的方式即可为后面两个关键帧之间的普通帧创建补间形状。在创建补间形状后，即可浏览补间形状动画。Animate 不仅允许我们制作补间形状动画，还支持设置补件形状的【缓动】和【混合】等属性。补间形状的【缓动】与传统补间动画的【缓动】类似，都是通过改变动画补间的变化速度，制作出特殊的视觉效果。在 Animate 中选中补间形状所在的帧，然后即可在【属性】面板中的【缓动】内容右侧数字上双击鼠标，修改缓动的级别。【混合】的作用是设置变形的过渡模式，在 Animate 中选中补间形状所在的帧，即可在【属性】面板中对其进行设置。在补间形状的两种过渡模式中，【分布式】选项可使补间帧的形状过渡更加光滑；【角形】选项可使补间帧的形状保持棱角，适用于有尖锐棱角的图形变换，如图 3-44 所示。

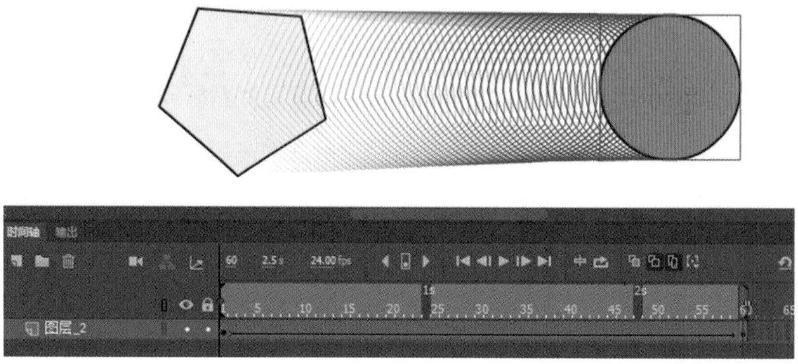

图 3-44

（3）动画播放速度。

在播放动画的过程中，一定要控制好播放速度。如果动画的播放速度过慢，就会出现停顿现象；如果动画的播放速度过快，那么有些动画所要表现的细节将无法表现，所以调整好播放速度是非常重要的。

一般情况下，Animate 的播放速度默认为 24，但是如果要将 Animate 动画发布到网络上，建议将每秒播放的帧数设置为 12。因为 Quick Time 上 .avi 格式的动画设置的每秒播放的帧数一般是 12，在网上播放时，这个帧频率可以产生较好的效果。

2. 综合技能实训

（1）制作简单逐帧动画（山水动画）。

新建 Animate 角色动画文档，舞台大小为 459 像素 ×165 像素，如图 3-45 所示；在属性栏设置帧频为 12，选择【文件】→【导入】→【导入到舞台】，如图 3-46 所示。选择素材文件夹中一张准备导入的图片，单击【打开】按钮，如图 3-47 所示。在弹出的对话框中选择【是】，如图 3-48 所示。Animate 会自动把图片的系列按序号以逐帧形式导入舞台中，导入后的动画系列被 Animate 自动分配在四个关键帧中，如图 3-49 所示。完成动画制作，保存并按 Ctrl+Enter 键，测试影片。

（2）补间动画（滚动的篮球）。

新建一个 640 像素 ×480 像素的角色动画文件，如图 3-50 所示。执行【插入】→【新建元件】命令，命名为“篮球”，类型为图形元件，按【确认】按钮进入元件编辑窗口，运用【椭圆工具】、【直线工具】、【钢笔工具】、【文字工具】和【渐变变形工具】绘制一个篮球，如图 3-51 所示。

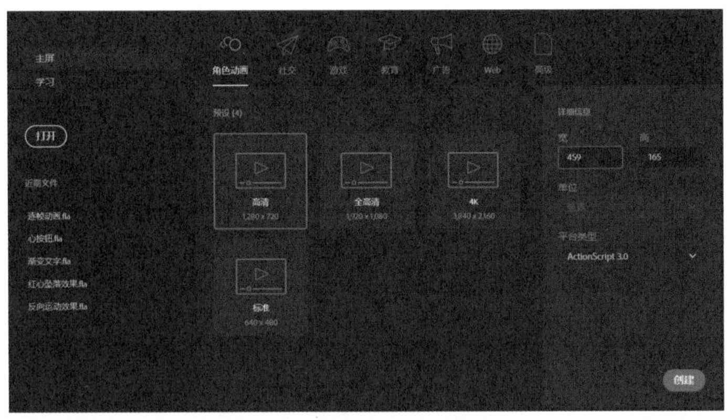

图 3-45

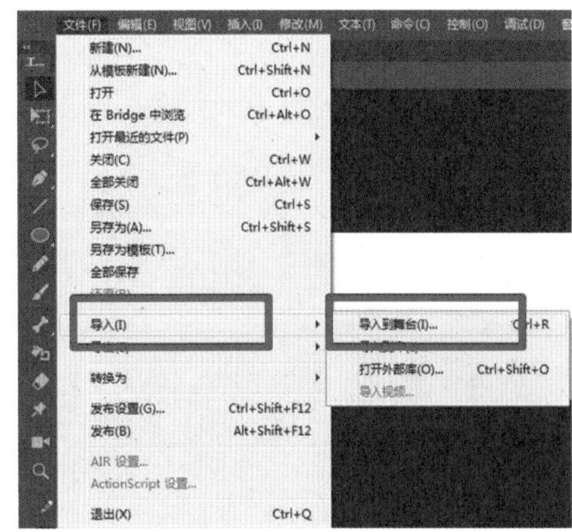

图 3-46

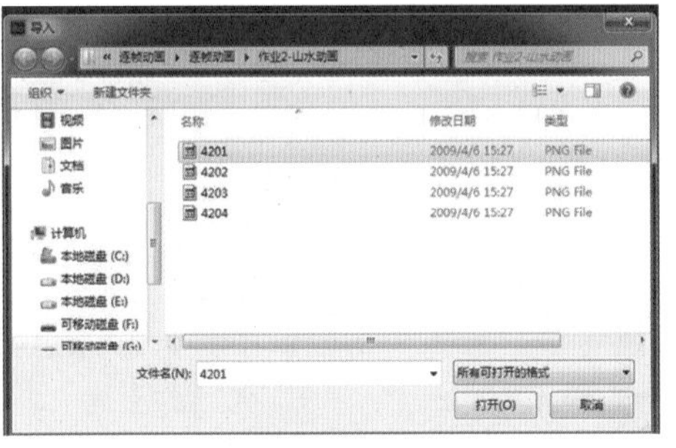

图 3-47

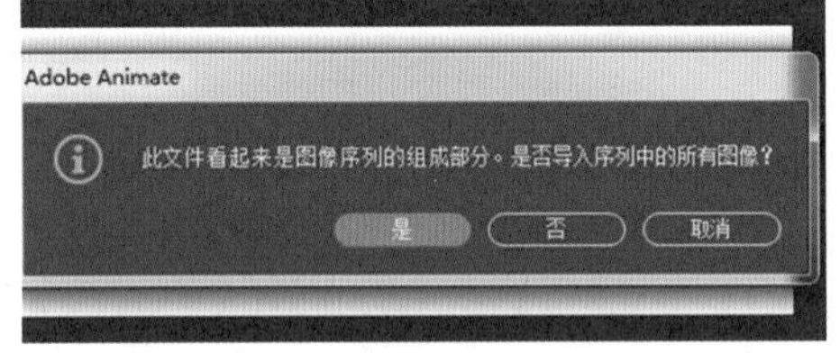

图 3-48

图 3-49

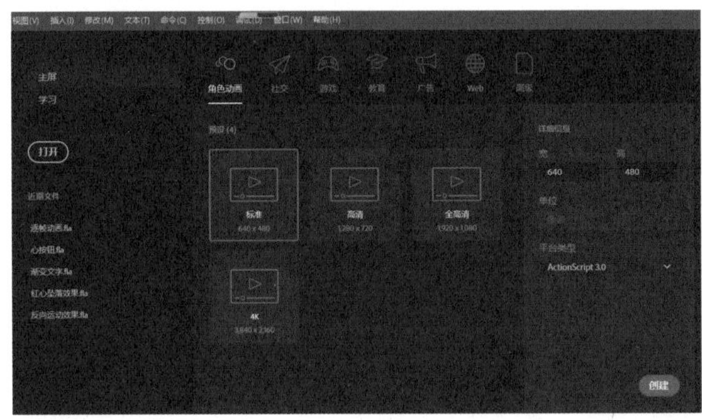

图 3-50

图 3-51

运用【矩形工具】绘制背景，在第 80 帧点击【插入帧】（F5），如图 3-52 所示。新建图层 2，拖入“篮球”图形元件，把“篮球”放在舞台侧之外，如图 3-53 所示。在第 1 帧点鼠标右键，在弹出的菜单栏中选择【创建补间动画】，在第 5 帧点鼠标右键，在弹出菜单栏中选择【插入关键帧】（F6）→【位置】，如图 3-54 所示，把篮球拖到舞台下方的位置。在第 80 帧把篮球拖到舞台的右边，设置【缓动】属性为 100，旋转 8 次方向，方向为顺时针，如图 3-55 所示。完成动画制作，保存并按 Ctrl+Enter 键，测试影片。

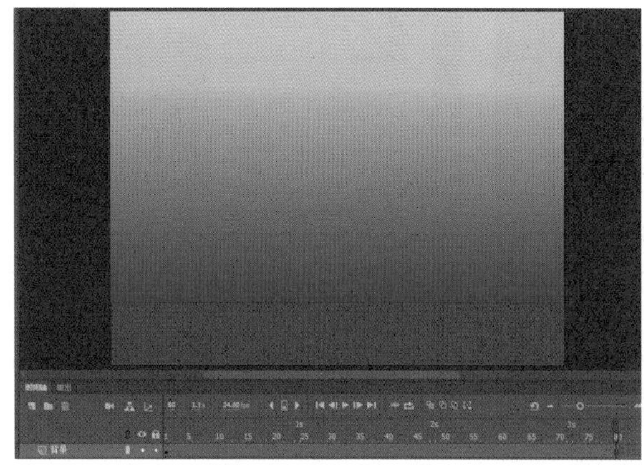

图 3-52

图 3-53

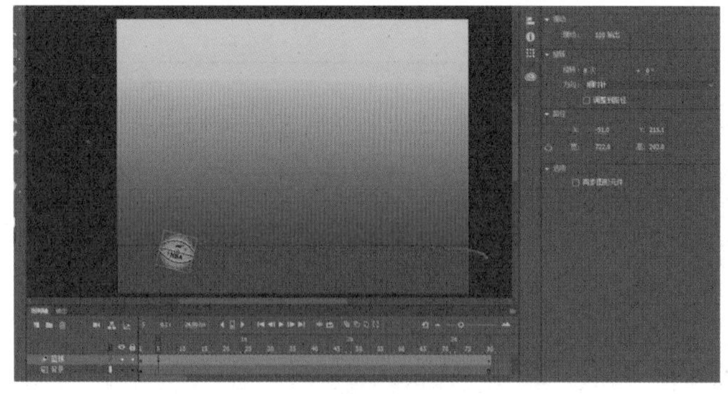

图 3-54

图 3-55

（3）补间动画（飞舞的小球）。

新建文件，更改文档属性，舞台大小为 400 像素 ×300 像素，在图层 1 用【矩形工具】绘制蓝色径向渐变背景，在第 45 帧上插入帧（F5），如图 3-56 所示；新建图层 2，用【椭圆工具】绘制一个黄色圆形，把圆形转换为图形元件，在第 1 帧点击鼠标右键，在弹出的菜单栏中选择【创建补间动画】，在第 45 帧点击鼠标右键，在弹出的菜单栏中选择【插入关键帧】→【位置】，把圆形移到舞台下方，使用【移动工具】调整路径形状，并在属性栏调整圆形色调为蓝色，如图 3-57 所示；使用相同方法在制作 8 个不同方向的圆形动画，如图 3-58 所示。完成动画制作，保存并按 Ctrl+Enter 键，测试影片。

图 3-56

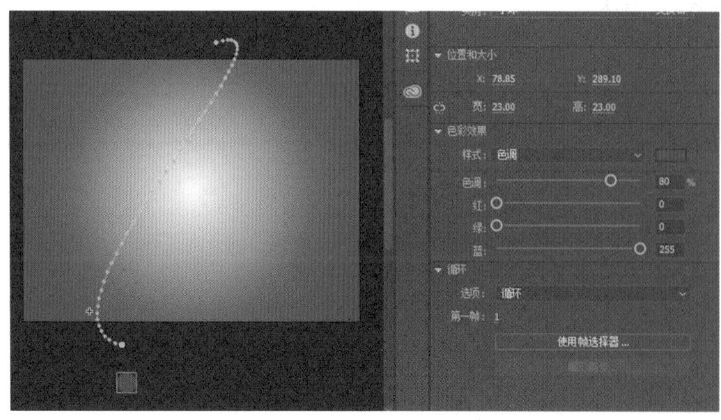

图 3-57

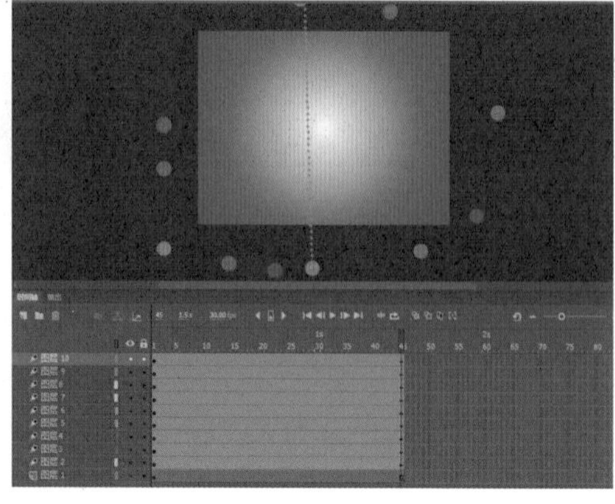

图 3-58

（4）传统补间动画（图片切换动画）。

新建文件，更改文档属性，舞台大小为 480 像素 ×160 像素，导入素材 3201，设置图片的属性栏坐标 x 和 y 轴都是 0，再把素材转换成图形元件；分别在第 15 帧、第 20 帧、第 35 帧插入关键帧（F6）；将第 1 帧和第 35 帧上元件的 Alpha 值设置为 0；分别在第 1 帧和第 20 帧上点鼠标右键，在弹出的菜单栏中选择【创建传统补间】，在第 175 帧上插入帧（F5）；新建图层 2，在第 20 帧插入空白关键帧（F7），导入素材 3202，设置图片的属性栏坐标 x 和 y 轴都是 0，再把素材转换成图形元件；分别在第 35 帧、第 40 帧和第 55 帧处插入关键帧（F6），将第 20 帧和第 55 帧上的元件的 Alpha 值设置为 0，如图 3-59 所示。分别设置第 20 帧和第 40 帧上创建传统补间动画；根据图层 1 和图层 2 的制作方法，制作出其他图层，如图 3-60 所示。完成动画制作，保存并按 Ctrl+Enter 键，测试影片。

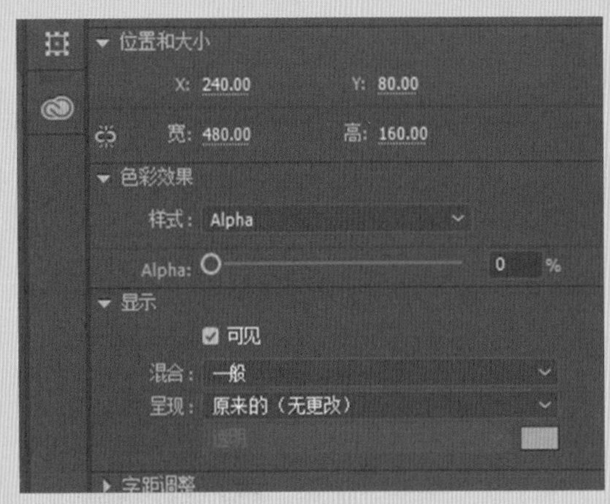

图 3-59

图 3-60

（5）形状补间动画。

新建文档，修改【属性】面板，尺寸为 424 像素 ×322 像素，帧频率为 30；导入背景素材至【库】面板中，在图层 1 把素材拖入舞台，并在第 45 帧处插入帧（静态帧）；新建图层 2，新建“气球”图形元件，在【元件编辑】窗口，利用【椭圆工具】和【钢笔工具】在第 1 帧处绘制气球，如图 3-61 所示；新建“感叹号”图形元件，利用【椭圆工具】和【钢笔工具】在第 1 帧处绘制“感叹号”（注意分图层），如图 3-62 所示。

回到场景 1，在图层 2 第 1 帧处拖入“气球”元件，第 10 帧插入关键帧（F6），并按 Ctrl+B 组合键打散元件，第 25 帧插入空白关键帧，拖入“感叹号”元件，并按 Ctrl+B 组合键打散元件，在第 10 帧点鼠标右键，在弹出的菜单栏中选择【创建补间形状】。把图层 2 换到图层 1 下面，如图 3-63 所示。完成动画制作，保存并按 Ctrl+Enter 键，测试影片。

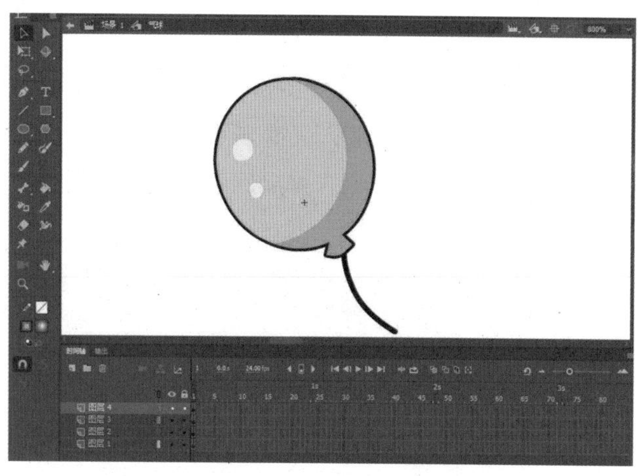

图 3-61

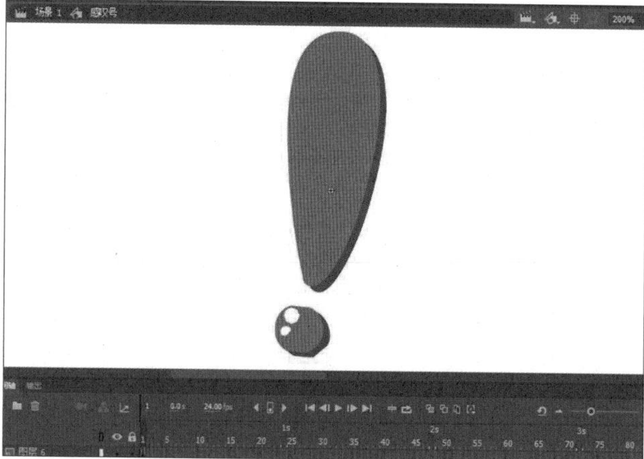

图 3-62

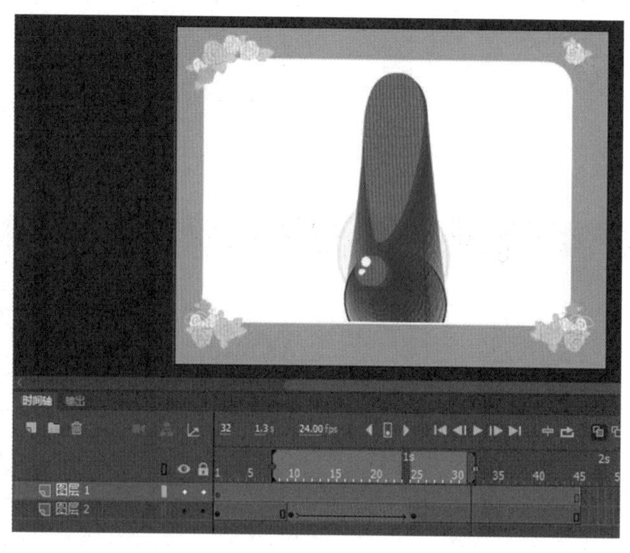

图 3-63

三、学习任务小结

通过本次课的学习，同学们对动画原理、动画分类和简单动画制作有了全面的认识。同学们课后还要复习本次课讲解的知识点，并通过操作实训熟悉这些工具的使用方法。同时，记住工具命令和快捷键，为后续的软件操作做好准备。

四、课后作业

练习制作简单逐帧动画 1 幅。

项目四 图层与高级动画

学习任务一 遮罩层与动画
学习任务二 引导层与动画
学习任务三 骨骼运动与 3D 动画
学习任务四 多场景动画
学习任务五 导出与发布

遮罩层与动画

本学习任务的高清图见二维码

教学目标

（1）专业能力：掌握创建遮罩层动画的基本操作方法。

（2）社会能力：具备一定的基础软件操作能力和软件自学能力。

（3）方法能力：资料、信息筛选能力，设计案例分析、提炼及表达能力。

学习目标

（1）知识目标：掌握遮罩层动画制作的基本原理和使用方法。

（2）技能目标：能够根据设计动画的需要，创建遮罩层动画。

（3）素质目标：具备团队协作能力和一定的语言表达能力，培养自己的综合职业能力。

教学建议

1. 教师活动

（1）教师通过前期收集的二维动画展示，使得学生对 Animate CC 2019 处理二维动画效果有直观认识。同时，运用多媒体课件、教学视频等多种教学手段，讲授 Animate CC 2019 遮罩层动画的学习要点，解决学生在实际操作中遇到的各种问题。

（2）教师示范遮罩层动画的使用方法，并指导学生进行课堂实训。

2. 学生活动

（1）认真听取教师的讲解示范，遇到不懂的知识，用笔记录下来，然后通过上网查询、询问老师或者教师解决。

（2）根据操作要求，进行软件的操作练习，做到举一反三，熟练操作。

一、学习问题导入

遮罩层动画是 Animate 常用的动画制作方法之一，利用它可以制作出渐变半透明、放大镜、水波纹、百叶窗和各种图片切换等动画的效果。本次任务将讲解和示范创建遮罩层动画的方法。

遮罩层动画主要是利用遮罩图层创建的，如图 4-1 所示的蓝色部分就是一个遮罩层，把下面的车厘子挡住了。对这个蓝色部分使用遮罩图层之后，遮罩层下面的车厘子就好像通过一个窗口显示了出来，如图 4-2 所示。这个窗口即蓝色部分，称为遮罩层上的对象。在播放动画时，遮罩层上的遮罩对象（蓝色部分）是不会显示的，被遮罩层在遮罩层对象以外的车厘子也不会显示出来。那么遮罩层动画是怎么制作的呢？下面将详细介绍。

图 4-1

二、学习任务讲解与课堂实训

1. 遮罩层的使用

在 Animate CC 2019 中，遮罩层和之相链接的被遮罩层前面都会有个图标。遮罩层中有动画对象的地方会产生一个孔，这样会使与它链接的被遮罩层的相应区域中的对象显示出来。没有动画对象的地方就会产生一个罩子，遮住链接层里的相应区域内的对象。遮罩层中的动画对象，制作过程与一般图层中的基本相同。矢量色块、元件、字符及外部导入的位图等都可以作为遮罩层对象，在遮罩层中产生孔。对于遮罩层，可以把它看作一般图层的反转，可以透过它看到被遮罩层的对象，其中有对象的地方为透明，空白区域为不透明。遮罩层只能够对被遮罩层起作用。

图 4-2

在制作遮罩层动画时，可以在遮罩层或者被遮罩层上面创建动画，例如传统补间动画、补间动画和形状补间动画等，从而制作出渐变半透明、放大镜、水波纹、百叶窗等各种特殊的动画效果。下面将通过一个简单的实例，介绍创建遮罩层动画的方法。

第一步：新建文档，如如图 4-3 所示。舞台的大小可以设置与图片一致，本例子设置为宽 4677，高 3265。将【库】面板中的“图片 .jpg”位图素材拖到“图片 1”图层的舞台中，并且在【属性】面板中将它的“x”和“y”坐标都设置为“0”，与舞台对齐，如图 4-4 所示。（注意：图层 1 在图层 2 的下方。）

图 4-3

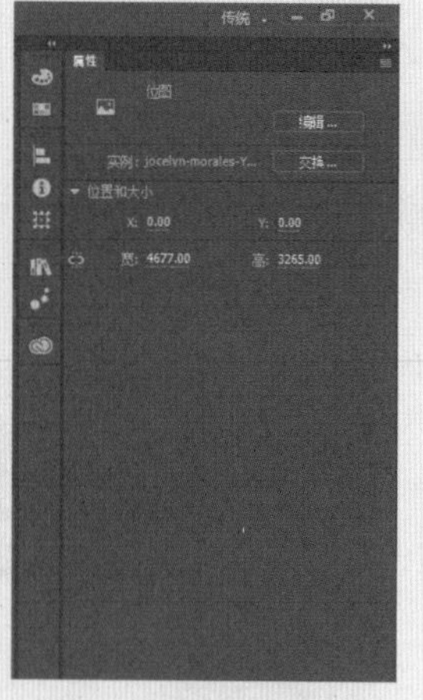

图 4-4

图 4-5

图 4-6

图 4-7

第二步：在“图层 1”的上方新建一个新图层，命名为“图层 2”。选择任意一个绘图工具，这里选择【椭圆工具】，单击图层 2，在图层 2 中按住鼠标左键拖曳，绘制出一个与背景差不多大小的椭圆，然后选择图层 2，单击鼠标右键，弹出如图 4-5 所示的界面，选择遮罩层，这样，图层 2 就转变为遮罩层。最后，用鼠标单击选择椭圆，再单击鼠标右键，弹出如图 4-6 所示界面，将它转换为名为“元件 1”的图形元件 。

第三步：将图层 2 中的椭圆元件实例向上移出舞台，然后在图层 1 和图层 2 的第 40 帧插入普通帧，再在图层 2 的第 15 帧与第 30 帧处插入关键帧。将图层 2 的第 30 帧中的椭圆元件实例移到舞台正上方，然后在图层 2 的第 15 帧与第 30 帧之间任意单击鼠标右键，创建传统补间动画。详细过程如图 4-7 ~ 图 4-10 所示。

第四步：选择图层 2，然后右击鼠标，在弹出的快捷菜单中选择【遮罩层】菜单，这样就可以把图层 2 变成遮罩层 。具体如图 4-11 所示。

图 4-8

图 4-9

图 4-10

图 4-11

第五步：按 Ctrl+Enter 键可以预览动画，这时会看到图片从上到下慢慢地显示出来。这是因为在被遮罩层上的对象（图片）只能够透过遮罩层的对象（椭圆）显示出来。所以在椭圆没有与舞台重合时，图片不会显示出来，当椭圆慢慢地向下运动并且与舞台的图片重合时，重合部分的图片就会慢慢显示出来。部分效果如图 4-12 和图 4-13 所示。

图 4-12

图 4-13

2. 遮罩的应用技巧

在设置遮罩图层的时候，系统将会默认遮罩图层下面的第一个图层为被遮罩图层，如图 4-14 和图 4-15 所示。

图 4-14

图 4-15

当需要用一个遮罩图层去遮罩多个图层时，只需把需要遮罩的图层用鼠标拖至遮罩图层下方即可，如图 4-16 和图 4-17 所示。注意要把遮罩层和被遮罩层同时锁上，才不会出现遮罩图形。要取消遮罩关系，将遮罩层设置为普通层即可，或者把被遮罩图层拖出遮罩图层的下方。

无论在遮罩层上的对象是何种颜色还是透明度，是图像、图形还是元件实例，遮罩的效果都是一样。如图 4-18 和图 4-19 所示，无论使用红色还是蓝色的遮罩层，最终的效果也是一样的，只与遮罩层的形状有关系。同时要在舞台中看到遮罩效果，必须要锁定遮罩层和被遮罩层。

图 4-16

图 4-17

图 4-18

图 4-19

使用遮罩层动画时，有个地方要特别注意，并不是全部的对象都可以做遮罩，例如线条就不能，用线条制作出的图形是没有遮罩效果的，如果一定要用线条，就需要把线条转换为填充。如下面的例子中，选择【铅笔工具】，为了能直观地看到效果，这里选择笔触为 20，然后用【铅笔工具】画出遮罩圆环，如图 4-20 所示。再按照上面的步骤，制作遮罩层。发现并没有显示底层的图片，显示为一片空白。把遮罩层解锁后，选择圆环，选择【修改】→【形状】，将线条转换为填充，如图 4-21 所示。最后，把遮罩层和被遮罩层锁上，遮罩效果就出现了。效果如图 4-22 所示。

图 4-20

图 4-21

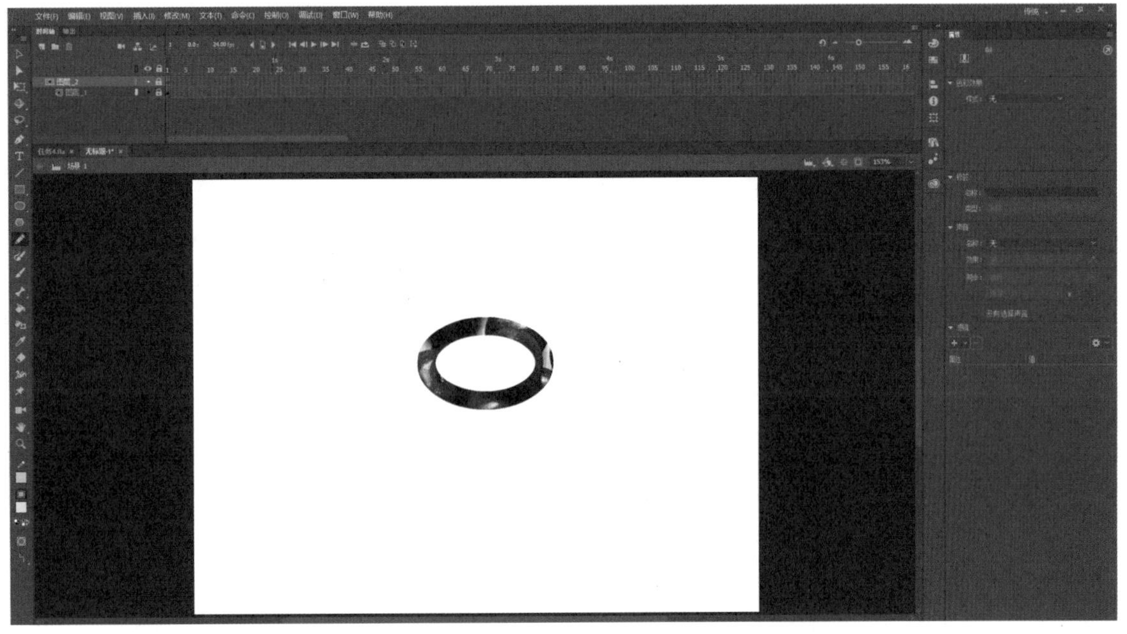

图 4-22

三、学习任务小结

通过本次课的学习，同学们已经了解到遮罩层动画是如何使用的。通过例子，同学们学习了利用绘图工具绘制遮罩，然后为绘制的图形制作动画以达到制作遮罩层动画的效果。课后，同学们要深入理解遮罩层动画，努力创建出几种使用遮罩层动画的效果，为以后二维动画的制作做好准备。

四、课后作业

利用遮罩层动画制作出百叶窗效果。本作业主要是通过在 4 个图层上方制作矩形块，并且创建由小变大的动画效果，再将这些图层设置为遮罩层，从而达到逐渐显示出下方的图片来实现百叶窗的效果。

引导层与动画

本学习任务的高清图见二维码

教学目标

（1）专业能力：掌握创建引导层与动画的基本操作方法。

（2）社会能力：具备一定的基础软件操作能力和软件自学能力。

（3）方法能力：资料、信息收集和筛选能力，设计案例分析、提炼及表达能力。

学习目标

（1）知识目标：掌握创建引导层动画的方法。

（2）技能目标：能够根据设计动画的需要，创建引导层动画。

（3）素质目标：具备团队协作能力和一定的语言表达能力，培养自己的综合职业能力。

教学建议

1. 教师活动

（1）教师通过前期收集的二维动画展示，使得学生对 Animate CC 2019 处理二维动画效果有直观认识。同时，运用多媒体课件、教学视频等多种教学手段，讲授 Animate CC 2019 引导层动画的学习要点，解决学生在实际操作中遇到的各种问题。

（2）教师通过展示运用了引导层动画的二维动画作品，让学生感受 Animate CC 2019 设计的魅力所在。

2. 学生活动

（1）认真听取教师的讲解示范，遇到不懂的知识，用笔记录下来，然后通过上网查询、询问老师或者教师解决。

（2）根据操作要求，进行软件的操作练习，做到举一反三，熟练操作。

一、学习问题导入

观看动画，汽车可以按照我们设定好的路径在马路上行驶，这是运用了什么方法实现的呢？同学们思考一下，汽车是怎么驶出这些路径的。用以前学习过的逐帧动画还是传统补间动画呢？用以前的方法制作难度在哪里？

其实这个动画是用引导层动画的方法制出来的。引导层动画是二维动画制作常用的手法之一，它可以起到设置运动路径的导向作用。本任务将以一辆汽车在马路上行驶（见图 4-23）为例，带领同学们学习如何创建引导层动画的方法。

图 4-23

二、学习任务讲解与课堂实训

1. 引导层

路径引导层动画是由“引导层”与“被引导层”组成的。在制作路径引导层动画时，首先要在“引导层”上绘制引导对象的运动路径，一般可以利用线条、铅笔、钢笔、椭圆或矩形工具等绘制线条，然后将“被引导层”上的对象中心点吸附到引导线上（注意：“被引导层”中的动画必须是传统补间动画）。在播放动画时，“引导层”上的路径线条是不会被显示的。下面请参考具体操作步骤。

第一步：打开本任务素材文档，在“building”图层的上方新建一个图层，并且将其命名为“car”图层，然后在【库】面板中找到“汽车”图形元件，拖到“car”图层，放置在舞台左下方，如图 4-24 所示。

图 4-24

第二步：选择所有的图层，然后在第 60 帧处插入普通帧，在“car”图层的第 60 帧插入关键帧，并且将“car”图层第 60 帧中的“汽车”元件实例移动到舞台右下方，最后在“car”图层第 1 帧与第 60 帧之间，点击鼠标右键创建传统补间动画。效果如图 4-25 所示。

第三步：在“car”图层的图层名称上单击鼠标右键，在弹出的快捷菜单中选择【添加传统运动引导层】，这时在“car”图层上方会创建出一个引导层，而“car”图层将自动变为被引导层，如图 4-26 所示。

图 4-25

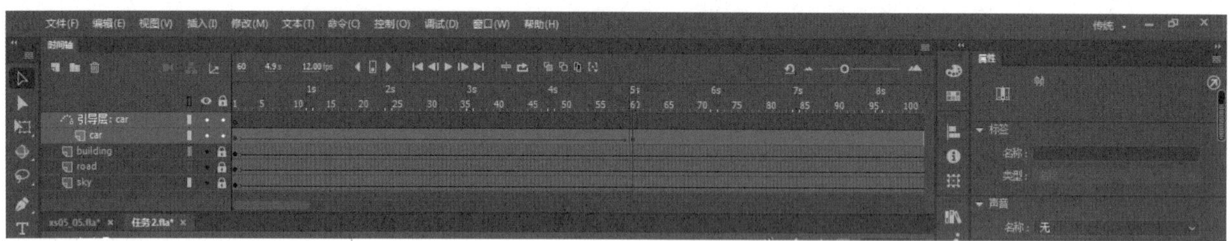

图 4-26

第四步：按照动画的需要，使用【线条工具】或者【选择工具】在引导层上绘制一条引导路径。本例子是先画出直线，然后才产生弧度，目的是让车子的引导路径为曲线，如图 4-27 所示。

第五步：使用【任意变形工具】调整“car”图层第 1 帧“汽车”元件的中点与引导线重合，如图 4-28 所示。选择“car”图层第 60 帧中“汽车”元件实例，并使它的变形中心点与引导线重合对齐，如图 4-29 所示。

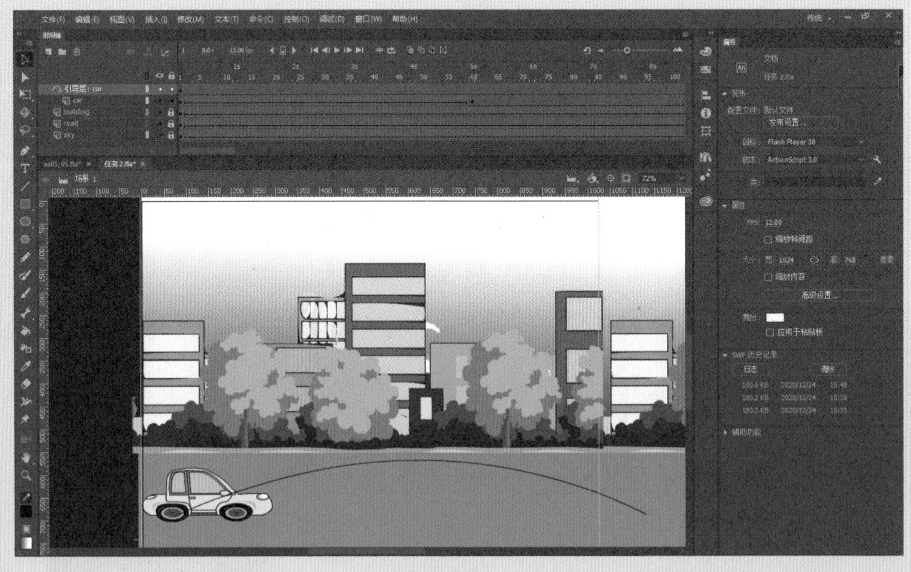

图 4-27

图 4-28

图 4-29

如果“汽车”元件的变形中心点没有与引导线重合，车子会按照传统运动路径运行，而不是按照引导线运动，如图 4-30 所示。

第六步：选中“car”图层的第 1 帧，然后在【属性】面板中勾选【调整到路径】复选项，这样可以使得汽车在沿着引导线运动时，车头会跟着引导线切线方向调整，如图 4-31 所示。如果不勾选该复选项，汽车就只会沿着引导线平移。勾选【对齐】复选框，可以将汽车的中心点更加容易地吸附到引导线的上面。 最终效果如图 4-32 所示。

图 4-30

图 4-31

图 4-32

三、学习任务小结

通过本次课的学习，同学们已经了解了引导层动画是如何使用的。在创建引导层动画时，被引导层的对象会沿着在引导层中绘制的引导路径运动。但是要注意一点，一定要对象的变形中心点与制作的引导线重合，否则引导线不起作用。同时，如果引导线的绘制太过复杂，例如有很多的转折点或者转弯很急，可能会导致软件无法准确判定对象的引导路径，导致引导失效。

四、课后作业

参考图 4-33 和图 4-34，然后上网查找汽车的图片和街景的图片，自己绘制出相应的汽车与场景，然后利用引导层动画，制作出汽车在马路行驶的动画。

图 4-33

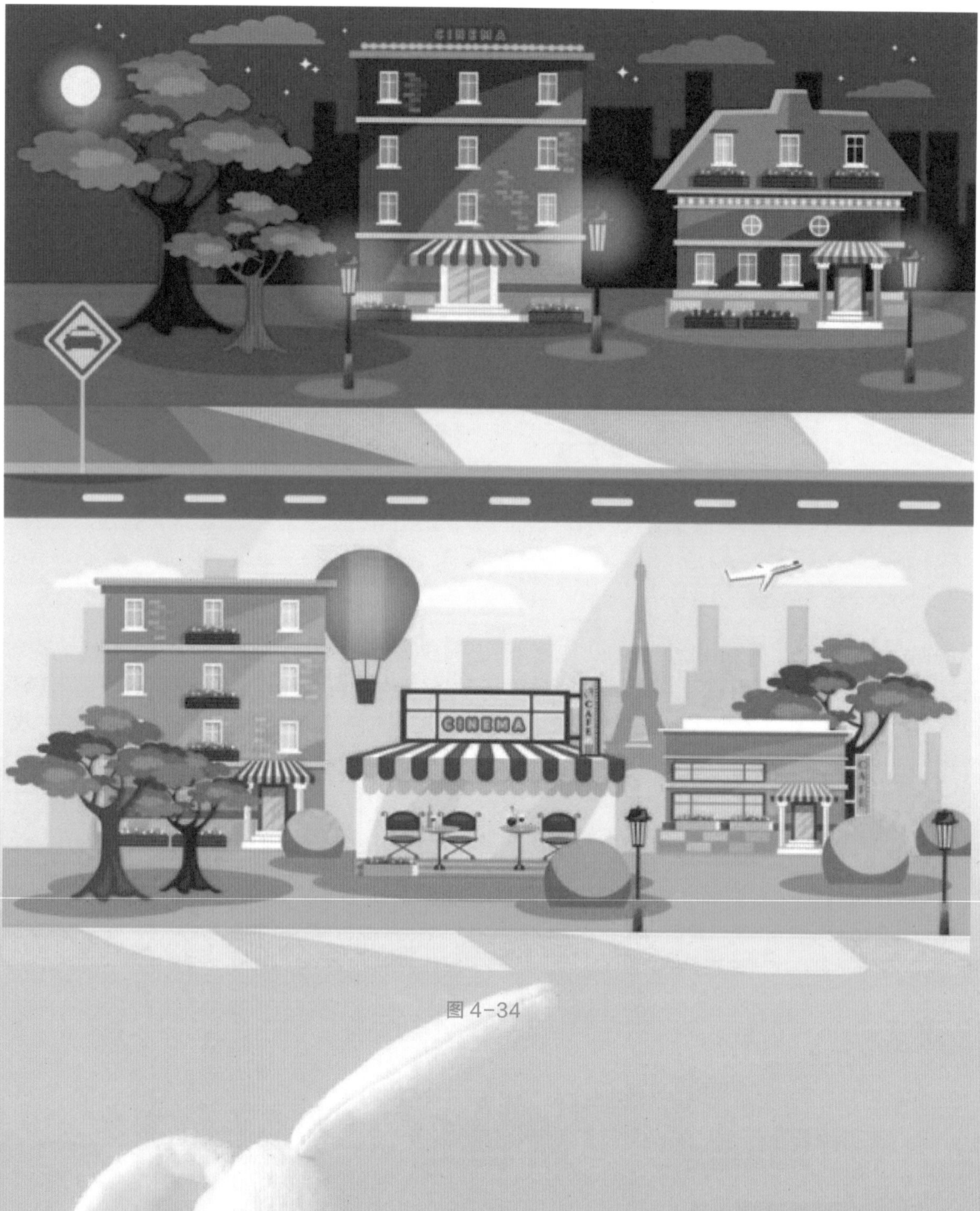

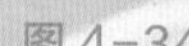

图 4-34

骨骼运动与 3D 动画

教学目标

（1）专业能力：掌握创建骨骼运动与 3D 动画的基本操作方法。

（2）社会能力：具备一定的基础软件操作能力和软件自学能力。

（3）方法能力：网上搜索能力、信息筛选能力，以及设计案例分析、提炼及表达能力。

学习目标

（1）知识目标：掌握骨骼运动与 3D 动画的概念和创建方法。

（2）技能目标：能够根据设计动画的需要，创建骨骼运动与 3D 动画。

（3）素质目标：具备团队协作能力和一定的语言表达能力，培养自己的综合职业能力。

教学建议

1. 教师活动

（1）教师通过前期收集的二维动画展示，使得学生对 Animate CC 2019 处理二维动画效果有直观认识。同时，运用多媒体课件、教学视频等多种教学手段，讲授 Animate CC 2019 骨骼运动与 3D 动画的学习要点，解决学生在实际操作中遇到的各种问题。

（2）教师通过展示运用了骨骼动画的二维动画作品，让学生感受 Animate CC 2019 设计的魅力所在。

2. 学生活动

（1）认真听取教师的讲解示范，遇到不懂的知识，用笔记录下来，然后通过上网查询、询问老师或者教师解决。

（2）根据操作要求，进行软件的操作练习，做到举一反三，熟练操作。

一、学习问题导入

骨骼动画是利用反向运动工具来模拟人体或者动物骨骼关节的运动。给模型建立骨骼后，模型里面互相连接的“骨骼”组成了骨架的结构，通过改变骨骼的方向和位置，可以改变模型的动作，并且生成动画。如图 4-35 和图 4-36 所示，给人物添加了骨骼之后，就可以制作出不同的自然动作动画。图 4-37 和图 4-38 展示了这个软件的 3D 功能。那么二维动画是如何三维化的呢?

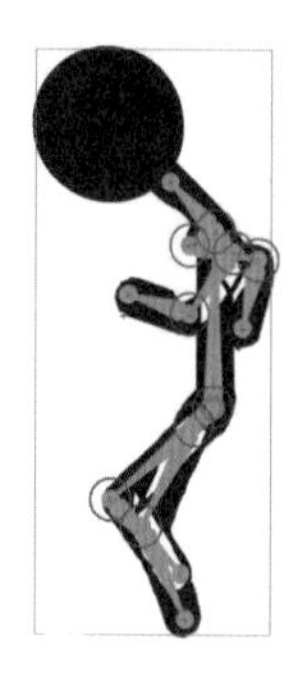

图 4-35

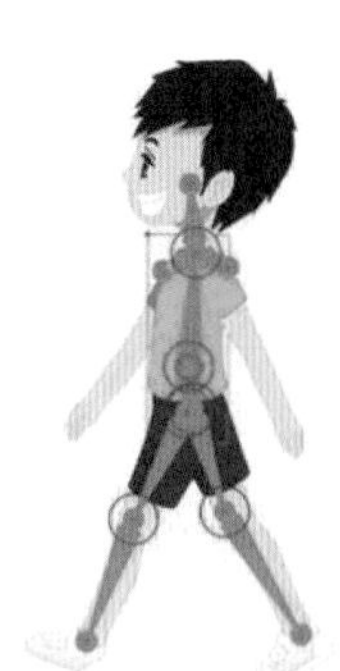

图 4-36

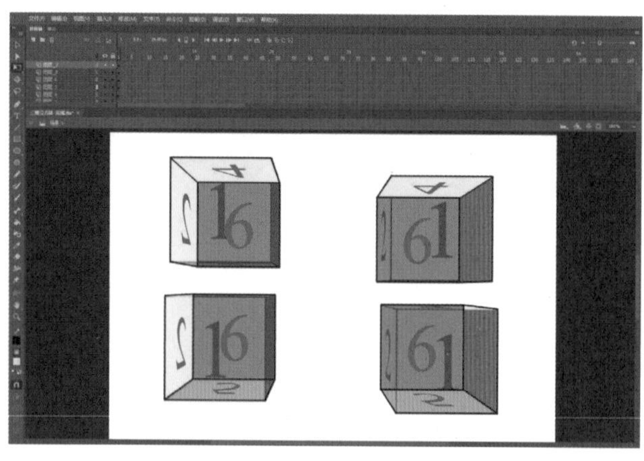

图 4-37

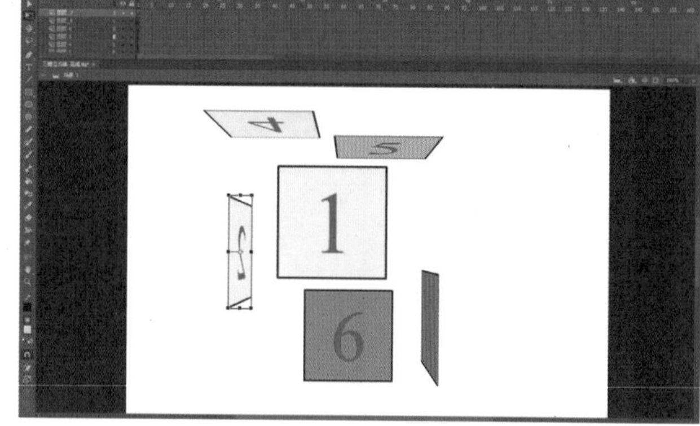

图 4-38

二、学习任务讲解与课堂实训

（1）骨骼工具。

Animate CC 2019 提供的反向运动工具主要有【骨骼工具】和【绑定工具】。通过使用【骨骼工具】，可以方便地创建出人物的胳膊、腿或者动物的四肢等的动画，甚至一些复杂的面部表情。用【骨骼工具】只能为元件实例或形状添加骨骼。在移动一个骨骼时，与它相关的其他连接在一起的骨骼也会移动。在使用反向运动去进行动画制作时，只需要指定对象的开始位置和结束位置就可以了。

在 Animate CC 2019 中，可以通过以下两种方式使用【骨骼工具】。

①第一种方式：给形状对象的内部添加骨架。可以给合并绘制模式或者对象绘制模式中所绘制或者创建的形状的内部添加骨骼。通过移动骨骼，可以移动形状里面的各个部分，并且对形状进行动画制作。值得注意的是，要在分离对象中添加骨骼。

下面通过一个简单的实例，介绍这种为分离对象创建骨骼的方法。

第一步：新建一个 Animate（ActionScript 3.0）文档，然后点击工具栏中的【矩形工具】，并且在舞台中绘制出一个矩形，如图 4-39 和图 4-40 所示。

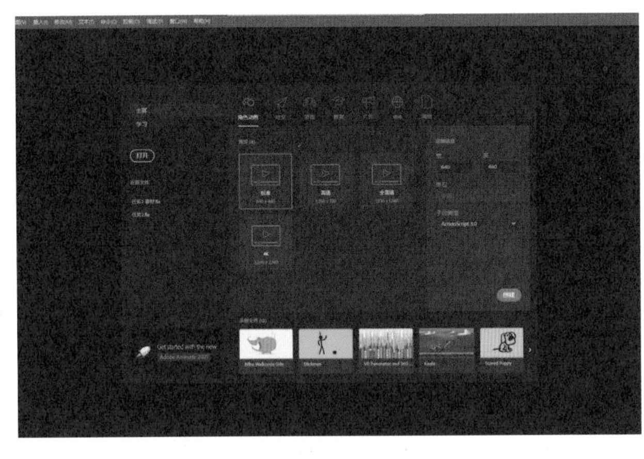

图 4-39

图 4-40

第二步：选中“图层1”的第1帧中，在舞台中的矩形，用鼠标单击工具箱中的【骨骼工具】或者按快捷键M，鼠标将变为白色骨头。当将光标移动到矩形里时，骨头将变成黑色实心，此时按住鼠标的左键并且向右拖动，就可以在矩形里创建一个IK（反向运动学）骨骼，同时在【时间轴】面板中会自动生成出一个“骨架_1”图层，矩形也会自动移动到“骨架_1”图层之中。

如果开始的时候用光标点击矩形边线，会弹出【无法将IK骨骼应用于笔触】对话框，如图4-41所示。因此，要选中物体形状才能创建骨骼，如图4-42所示。

第三步：当要创建多个骨骼时，只要把光标移动到第一个IK骨骼的尾部，然后按住鼠标的左键并且拖动，这样就会以上一级IK骨骼的尾端作为起点，创建出下一级IK骨骼。利用上面的操作方法，可以再创建出一个IK骨骼，如图4-43和图4-44所示。

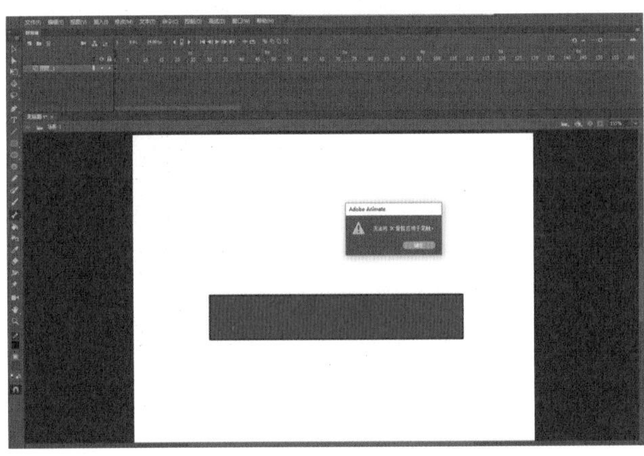

图 4-41

图 4-42

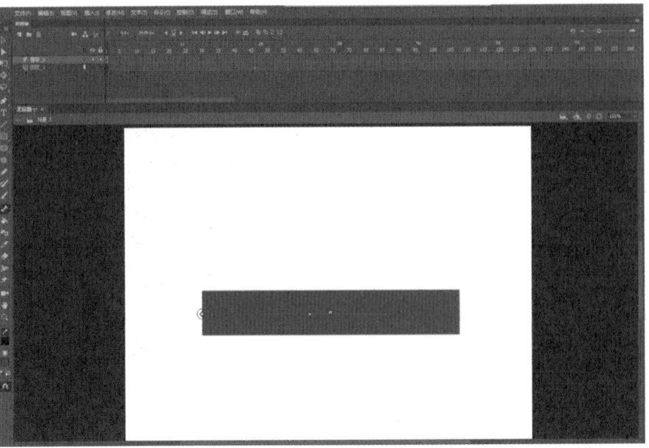

图 4-43

图 4-44

第四步：当要创建动画时，需要选择所有的图层，在全部图层的第 40 帧处单击鼠标右键，选择【插入帧】，如图 4-45 和图 4-46 所示。

第五步：选择“骨架 _1”图层，然后将播放头移动到第 20 帧处，然后使用【选择工具】调整“骨架 _1”图层的第 20 帧中三个骨骼的相应关节，调整需要的形状，如图 4-47 所示。当调整骨骼后，会在“骨架 _1”图层的第 20 帧的地方自动插入一个姿势关键帧。把播放头移动到第 40 帧处，并用【选择工具】移动“骨架 _1”图层第 40 帧中的骨骼，将它调整为动画所需要的动作，如图 4-48 所示。在使用【选择工具】单击选中骨骼之后，在【属性】面板中可以对骨骼的 x 或 y 轴平移、旋转角度等的属性进行设置。

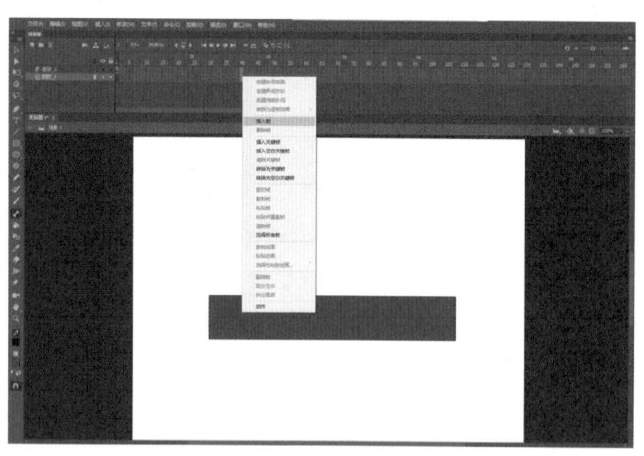

图 4-45

图 4-46

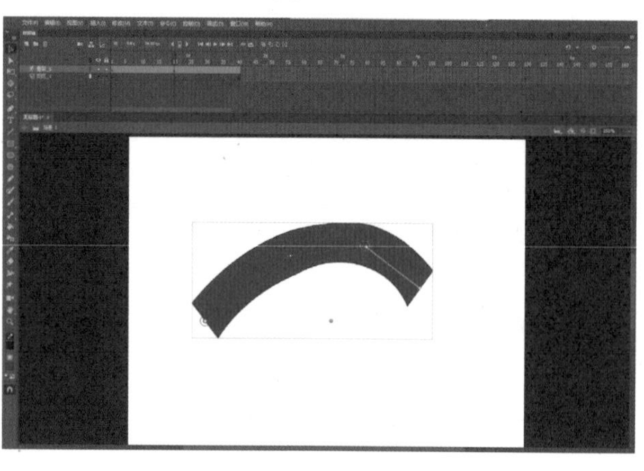

图 4-47

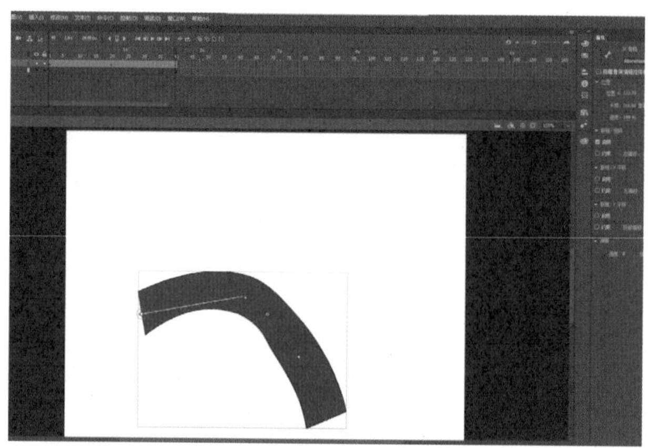

图 4-48

完成上面的步骤后，此实例就可以实现了，按 Enter 键可以预览动画效果，如图 4-49 所示。

② 第二种方式：利用【骨骼工具】，把一系列的元件实例通过骨骼连接在一起。通过旋转或移动相应的骨骼或元件实例来创建出不同效果的骨骼动画。例如，在一组影片剪辑元件中，每一个影片剪辑元件分别是人体的躯干、上臂、下臂和手等的不同部分。通过将人体不同部分的影片剪辑元件连接在一起，可以创建出逼真的人物移动的动画。下面通过一个简单的实例进行说明。

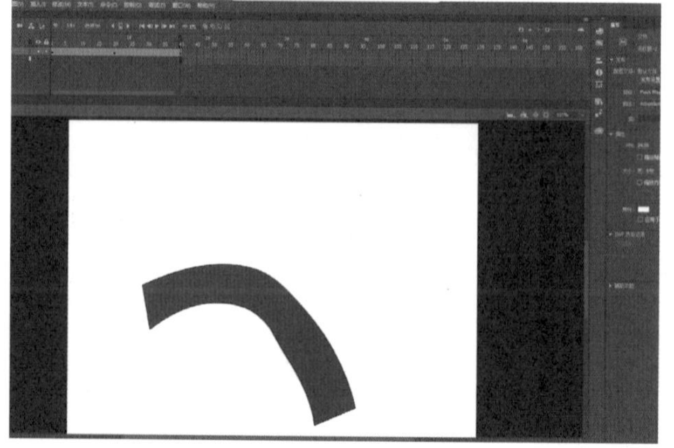

图 4-49

第一步：打开 Animate 素材文档，然后在【库】中把三个元件拉到舞台中间，并且排列成如图 4-50 和图 4-51 所示的样子，这三个元件都是由影片剪辑元件组成的。

第二步：单击选中工具箱中的【骨骼工具】或者按快捷键 M，都可以选择【骨骼工具】。然后将光标移动到红色元件的底部，按住鼠标左键并且拖动到下一个要结合的部位，这里是绿色的元件，这样就可以把红色的元件和绿色的元件连接在一起，创建出一个 IK 骨骼。 重复上面的步骤，可以把三个元件用骨骼连接在一起，如图 4-52 所示。连接时，如果连接点选择不正确，会出现如图 4-53 所示的情况。这时，就需要对骨骼连接点进行调整，用【任意变形工具】调整元件的中心点，这样骨骼的连接点也会跟着变化，调整后的连接点如图 4-54 所示。

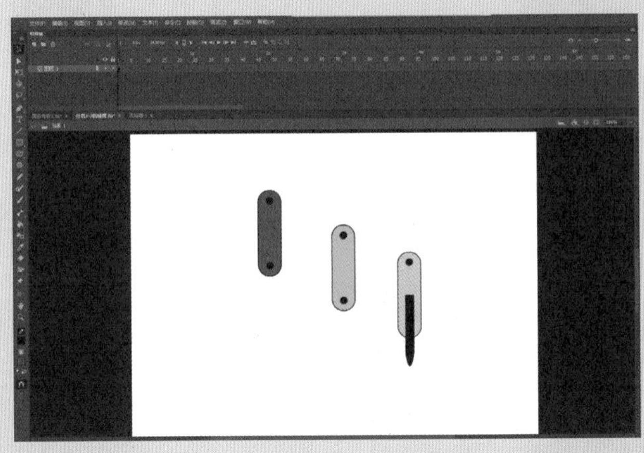

图 4-50

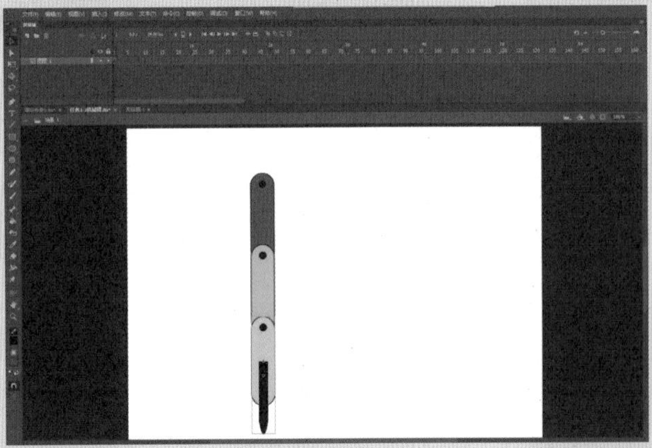

图 4-51

图 4-52

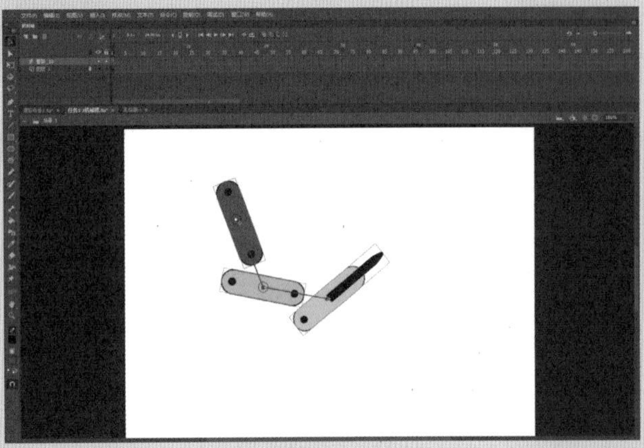

图 4-53

第三步：添加好骨骼之后，就可以设计动画。选择所有的图层，然后在第 40 帧处单击鼠标右键，选择【插入帧】，然后将播放头移动到第 15 帧处，利用【选择工具】，并且在按住 Shift 键的同时拖动舞台中的元件，调整其形状，制作动画。最后在第 1 帧和第 40 帧处调整合适的动画。具体如图 4-55 ~ 图 4-58 所示。至此实例就已经完成了，按 Enter 键可以预览动画效果。

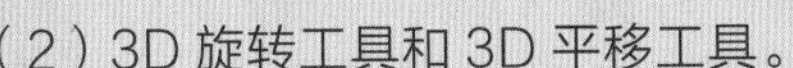

（2）3D 旋转工具和 3D 平移工具。

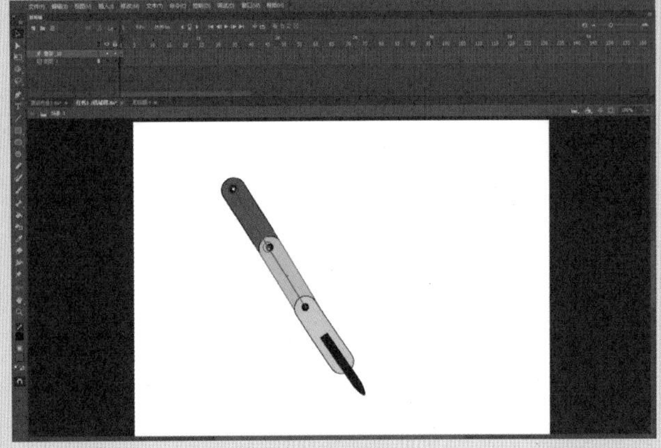

图 4-54

二维空间简称 2D，在几何学中是由 x 轴和 y

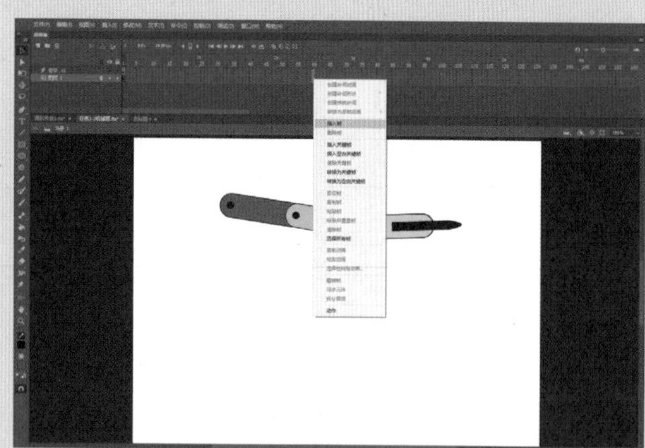

图 4-55

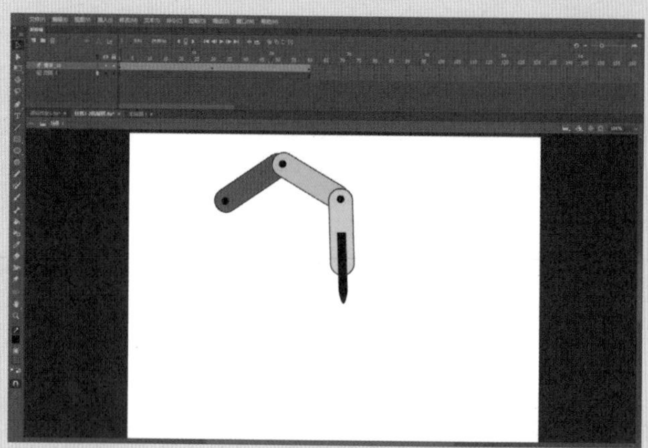

图 4-56

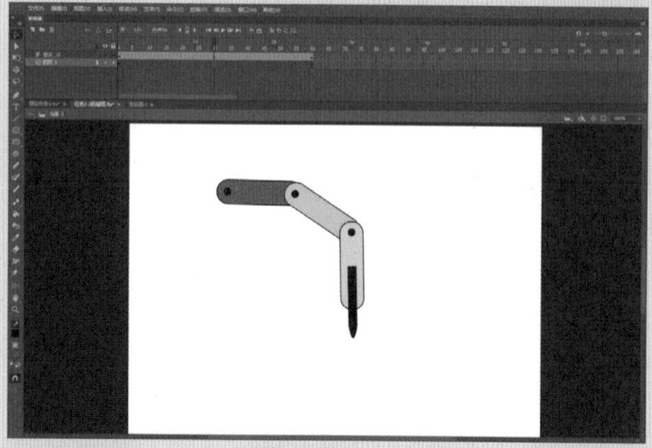

图 4-57

轴构成的平面空间，这里是指由长和宽两个要素组成的平面空间，只在平面中延伸扩展，同时也是美术上的一个术语。场景制作就是将三维空间的建筑用二维空间来展现。二维空间呈现平面性。

三维空间简称 3D，指由长、宽、高构成的立体空间，呈现立体性。三维空间的长、宽、高三条轴的数值表示在三维空间中物体相对原点 O 的距离。3D 与 2D 最不同的就是超出 x 和 y 存在的另一个维度 z，z 表示深度。对于 Animate 来说，z 轴越大，物体离观察者越远；z 轴越小，物体离观察者越近。

下面一起来看二维动画如何做出三维的效果。其中会用到【3D 旋转工具】和【3D 平移工具】。这两个工具可以使二维画面在三维空间中实现影片剪辑实例的旋转和移动影片剪辑，从而制作出三维动画的效果。下面将分别介绍这两个工具的一些使用方法。

第一个工具：【3D 旋转工具】。使用【3D 旋转工具】可以对影片剪辑实例进行 3D 空间的旋转，具体操作方法如下。

首先打开素材文档，选择工具箱中的 3D 转换工具组里的【3D 旋转工具】，或者按快捷键 Shift+W，然后还需要取消工具箱选项区中【全局转换】按钮的选中状态。效果如图 4-59 所示。选中人物元件后，会出现三维旋转轴。舞台中的 3D 旋转控件是用不同的色彩代表不同的轴向旋转，其中红色是绕 x 轴旋转，绿色是绕 y 轴旋转，蓝色是绕 z 轴旋转，而橙色则是自由旋转，可以同时绕 x 轴和 y 轴旋转。

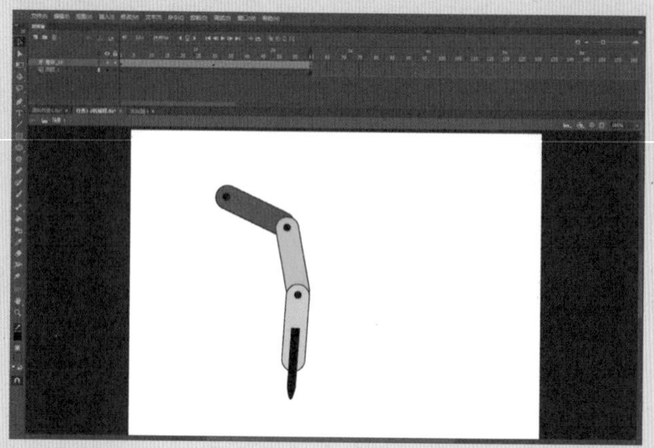

图 4-58

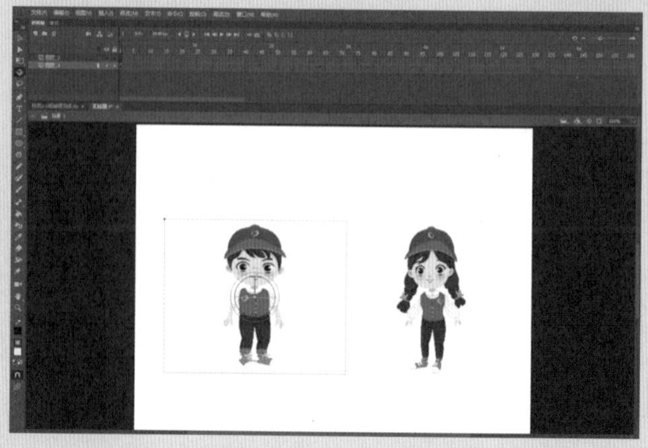

图 4-59

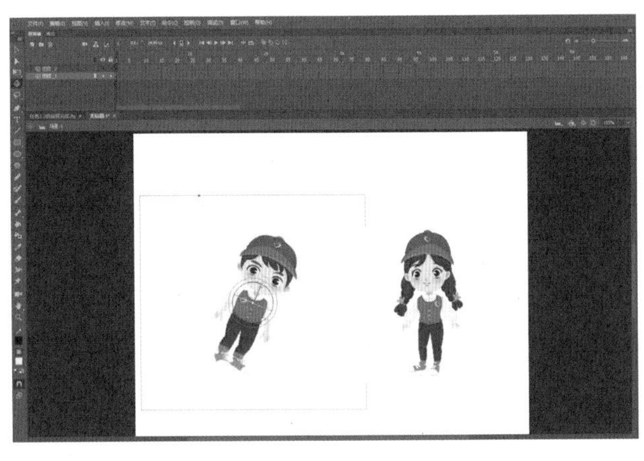

图 4-60

图 4-61

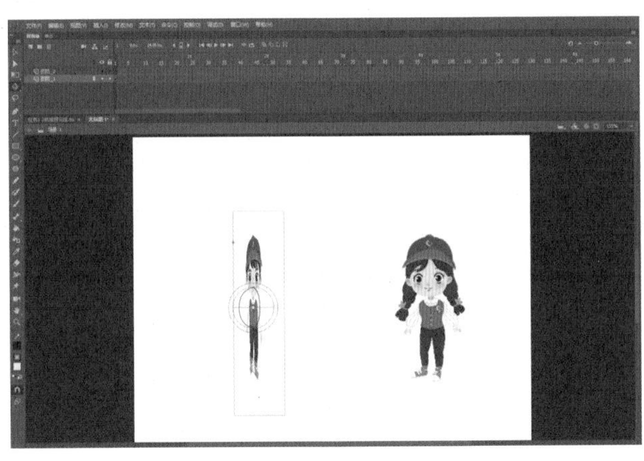

图 4-62

图 4-63

在单击选中要进行 3D 旋转的对象后，这个对象上会出现 x 轴控件、y 轴控件、z 轴控件、自由旋转控件和 3D 旋转中心，拖动任一控件即可沿着相应轴旋转对象，详细可以观看图 4-60 ~ 图 4-63 所示的各轴拖动后的效果。

第二个工具：【 3D 平移工具 】。使用【 3D 平移工具 】可以使影片剪辑实例在软件的 3D 空间中移动。选择工具箱中的 3D 转换工具组里面的【 3D 平移工具 】，或者按快捷键 G，然后单击要进行 3D 移动的对象，该对象上会出现 x 轴控件、y 轴控件和 z 轴控件，拖动任意的轴，对象就可以沿着相应轴移动。如图 4-64 所示，使用该工具选择男孩影片剪辑后，x 轴、y 轴和 z 轴将显示在男孩身上，其中红色是 x 轴方向，绿色是 y 轴方向，蓝色是 z 轴方向。

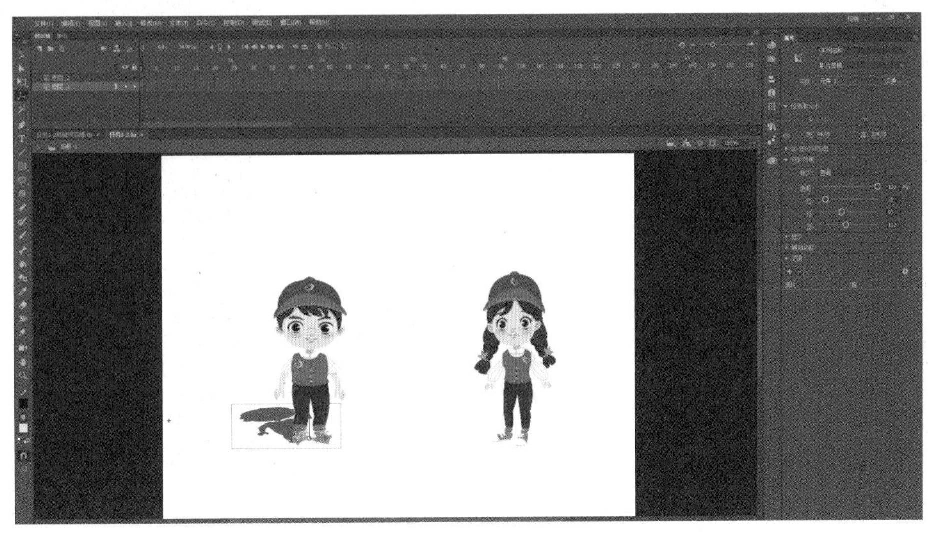

图 4-64

三、学习任务小结

通过本次课的学习，同学们已经了解了骨骼运动与 3D 动画是如何使用的。在创建骨骼运动动画时，骨骼只能是给形状对象的内部添加骨架或者把一系列的元件实例通过骨骼连接在一起。对于 Animate 来说，3D 动画多了一个 z 轴，z 轴越大，物体离观察者越远；z 轴越小，物体离观察者越近。

四、课后作业

（1）在网上收集人物或者动物的图片，然后根据上面所学的骨骼工具的知识，为人物或者动物添加骨骼。可以参考图 4-65 和图 4-66。

（2）根据上面人物所学的 3D 动画的知识，为收集到的人物或者动物制作阴影。参考步骤：首先复制一份人物图片，然后通过 3D 旋转和 3D 平移把复制的图片移动到合适的位置，最后调整复制图片的颜色效果，这样就可以制作出阴影效果，可以参考图 4-67。

图 4-65

图 4-66

图 4-67

本学习任务的高清图见二维码

多场景动画

教学目标

（1）专业能力：掌握创建多场景动画的操作方法。

（2）社会能力：具备一定的基础软件操作能力和软件自学能力。

（3）方法能力：资料、信息筛选能力，设计案例分析、提炼及表达能力。

学习目标

（1）知识目标：掌握创建及编辑多场景的方法。

（2）技能目标：能够根据设计动画的需要，创建多场景动画。

（3）素质目标：具备团队协作能力和一定的语言表达能力，培养自己的综合职业能力。

教学建议

1. 教师活动

（1）教师通过前期收集的二维动画展示，使得学生对 Animate CC 2019 处理二维动画效果有直观认识。同时，运用多媒体课件、教学视频等多种教学手段，讲授 Animate CC 2019 创建编辑多场景的学习要点，解决学生在实际操作中遇到的各种问题。

（2）教师通过展示运用了多场景动画的二维动画作品，让学生感受 Animate CC 2019 设计的魅力所在。

2. 学生活动

（1）认真听取教师的讲解示范，遇到不懂的知识，用笔记录下来，然后通过上网查询、询问老师或者教师解决。

（2）根据操作要求，进行软件的操作练习，做到举一反三，熟练操作。

一、学习问题导入

如图 4-68 ~图 4-72 所示，分别展示了 5 个场景。在 Animate 软件中，利用多场景可以组织更加复杂的动画，方便多人同时一起工作，从而快速制作出精彩的动画特效。本次任务是带领同学们学习多场景创建的基本操作。

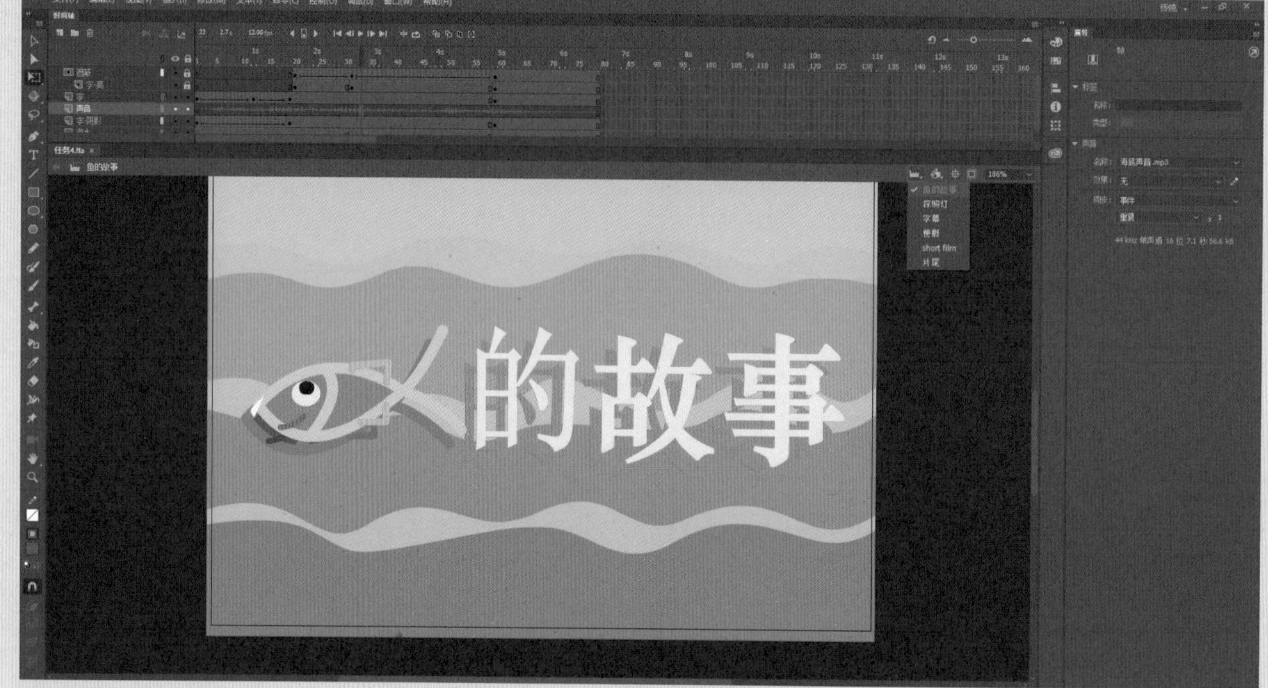

图 4-68

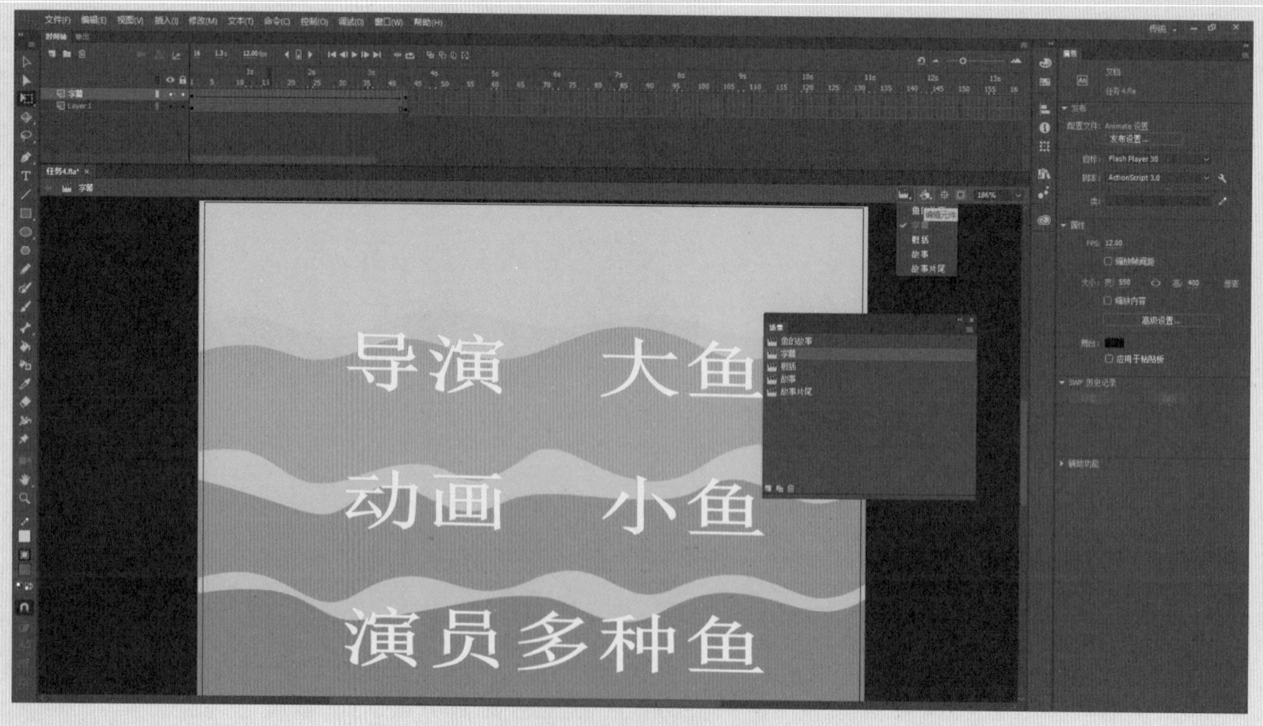

图 4-69

图 4-70

图 4-71

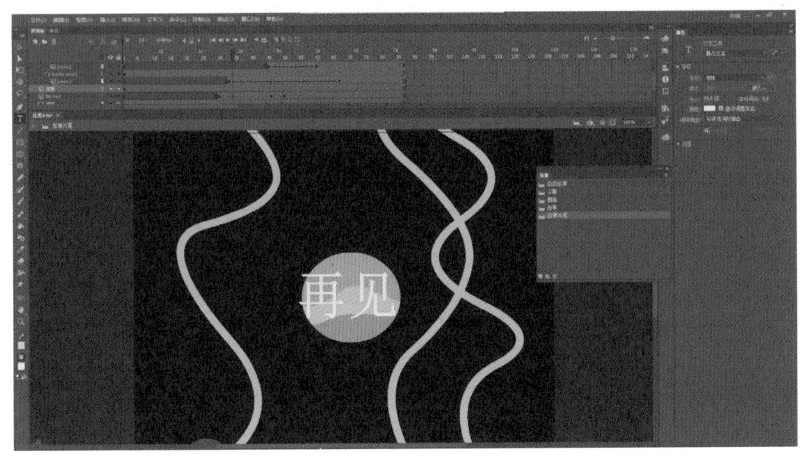

图 4-72

二、学习任务讲解与课堂实训

Animate 在默认的情况下，会只使用一个场景（场景 1）来制作动画，但在需要多人合作来制作复杂动画时，一个场景通常很难满足要求。在这种情况下，可以使用创建多个场景来制作动画，通过每个人制作一个场景，提高制作的效率。

例如可以创建多个不同的场景，分别是动画的影片简介、影片演员、动画内容、影片结束等部分。同时这些场景可以分别制作，这样就能提高二维动画制作的效率。下面将介绍在 Animate CC 2019 中创建及编辑多场景的方法。

当打开新建文档后，系统默认自动创建一个“场景 1”场景。如果要创建新的场景。可以选择【窗口】下的【场景】菜单或者按下 Shift+F2 键打开【场景】面板，如图 4-73 和图 4-74 所示。然后在打开的面板中单击【添加场景】按钮，这样就可以新建一个场景。

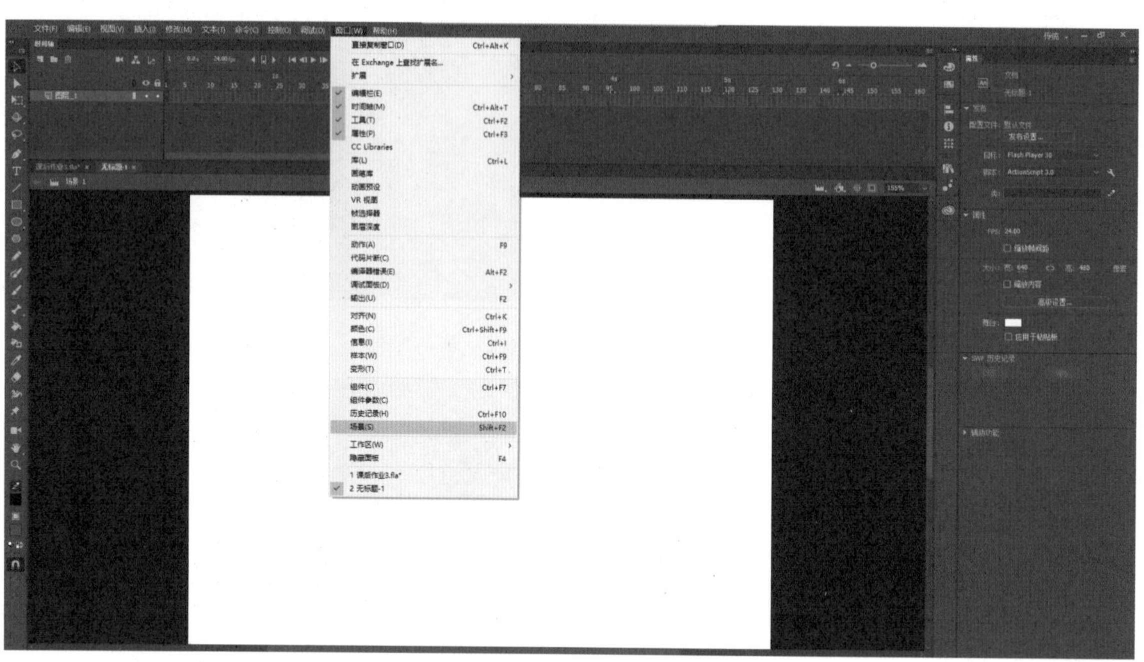

图 4-73

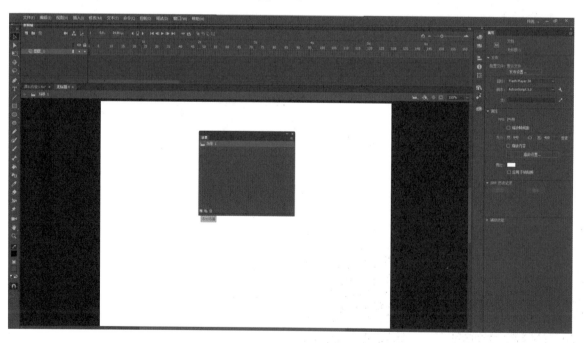

图 4-74

在新建场景之后，软件会自动默认切换成当前的场景，用户可以在这个场景上制作相关的动画。如果要制作其他的场景，需要进行切换，那么选择【场景】面板，然后选择并单击要制作的场景，或者单击舞台右上方的【编辑场景】按钮，在展开的场景列表中选择需要制作的场景，如图 4-75 所示。

图 4-75

当需要更改场景的名称时，只要选中在【场景】面板中需要改名的场景，然后双击这个场景，这个场景就会变成可编辑状态，此时即可输入新的名称，例如这里把“场景 1”改成了“开场”，如图 4-76 所示，这样就完成了场景重命名。

当要复制场景时，只需要在【场景】面板中单击选中要复制的场景，然后单击在左下方的【复制场景】按钮即可。这样，原场景中的所有制作内容都将复制到新的场景中。 例如复制“开场”场景，复制前如图 4-77 所示，复制出一个“开场 复制”的新场景，如图 4-78 所示。当要删除场景时，只需在【场景】面板中单击鼠标，选中要删除的场景，然后单击【删除场景】按钮，这时会弹出警告对话框，单击【确定】按钮就可以删除这个选中的场景，如图 4-79 所示。

图 4-76

图 4-77

图 4-78

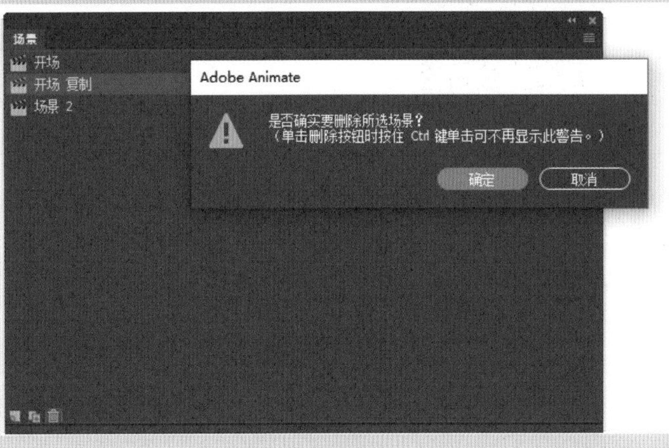

图 4-79

在发布包含有多个场景的文档时，这些场景的播放顺序是按照在【场景】面板中展示的排列顺序。若要修改场景的播放顺序，则需要在【场景】面板中用拖曳的方法改变场景的顺序。其实，使用场景就像同时使用几个 FLA 文件一起去创建一个较大的演示文稿。每一个场景都有一个时间轴，里面的帧都是按照场景顺序连续编号的。例如，如果文档包含 2 个场景，每个场景有 100 帧，则场景 1 中的帧的编号为 1 到 100，场景 2 中的帧的编号为 101 到 200。

在二维动画中，恰当地加上一些声音，就能使动画更加生动，例如为海底的场景加上水泡声、海洋动物叫声等将会使观众有身临其境的感觉。在本任务中，将尝试给这个鱼的故事场景添加声音。

首先找到一个海底的声音文件，然后将声音文件导入到库或者导入到舞台。具体操作：【文件】→【导入】→【导入到库】，如图 4-80 所示，这样音频文件就被放入库中，而不是直接放到时间轴中。接着新建一个图层，命名为“声音”，选择这个图层，然后把库中的“海底声音 .mp3”拖到舞台中，这时音频文件就被添加到场景里了，如图 4-81 所示。可以把多个声音放在一个图层上，或者把声音放在包含了其他对象的多个图层上。但是，建议将不同的声音放在不同的独立的图层上，并且为不同的图层命名，便于以后修改。每一个图层都会作为一个独立的声道。在播放 SWF 文件时，会将所有图层上的声音混合播放。

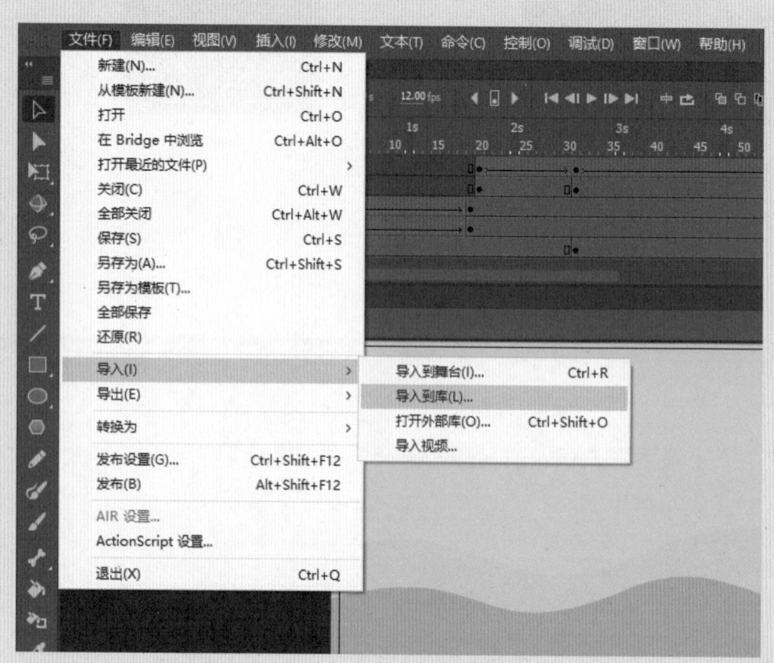

图 4-80

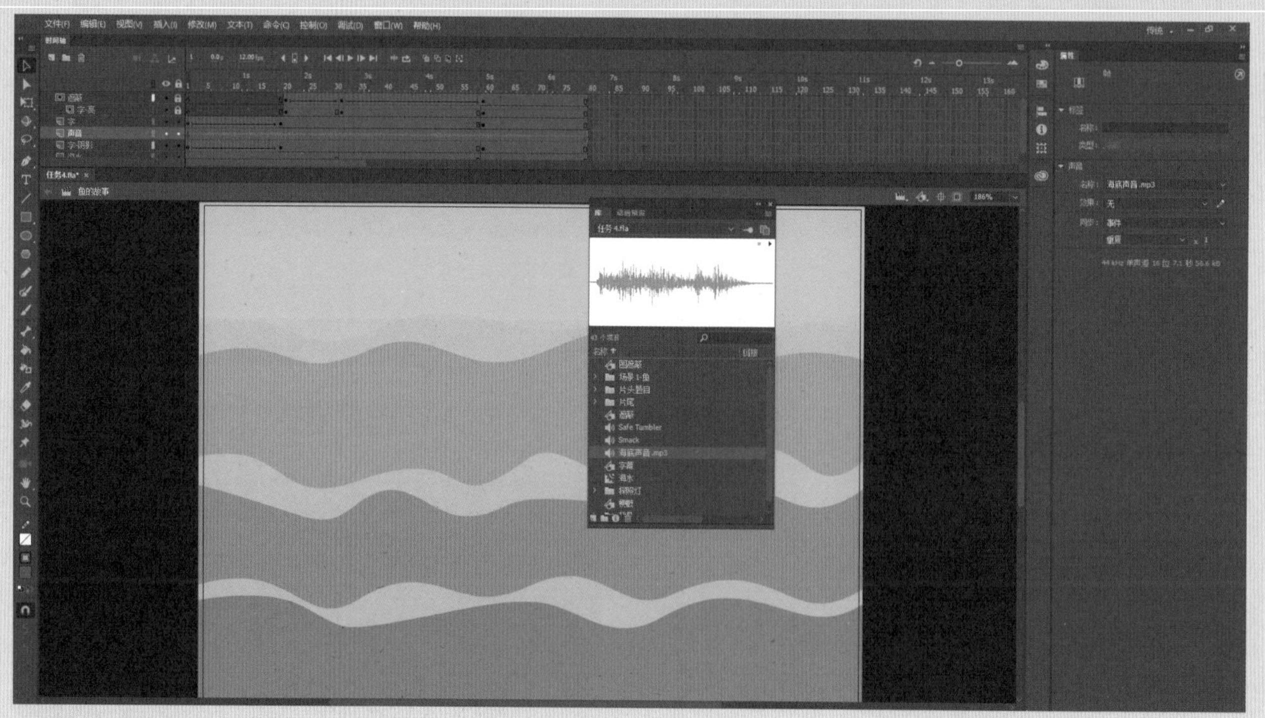

图 4-81

先选择声音图层，再选择效果，【效果】的下拉列表中，会出现 8 个选项，如图 4-82 所示。其作用如表 4-1 和表 4-2 所示。

声音同步：选择了【事件】后，会将声音与一个事件的发生过程同步起来。就是当事件声音的开始关键帧首次激发的时候，事件声音也将开始播放，并且是完整地播放，直到声音播放完毕而不管播放头在时间轴上的位置。当声音的长度比动画的长度长时，会出现即使动画文件停止播放了，声音还会继续播放的情况。当播放发布的 SWF 文件时，所有的事件声音都会混合在一起。还要注意，如果事件声音正在播放时声音快捷键再次被实例化（就是用户通过单击鼠标或者按快捷键等形式再次激发声音的开始关键帧），那么就会出现两个声音同时在播放的情况，即声音的第一个实例继续播放，同时，同一声音的另一个实例也会开始播放。所以在使用比较长的声音时，请记住这一点，以免出现可能发生的重叠，导致意外的音频效果出现，影响动画的质量。

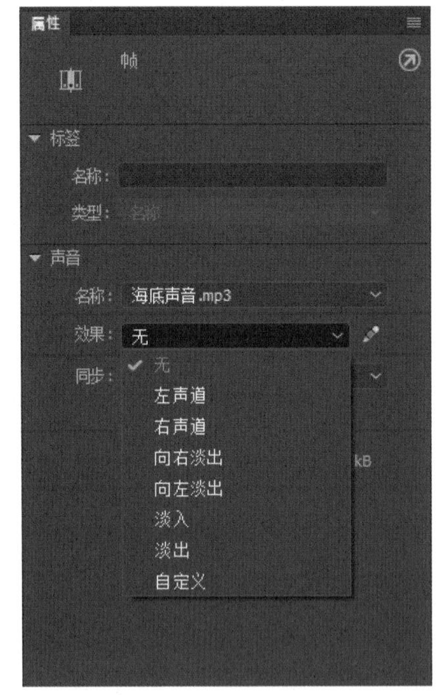

图 4-82

表 4-1 声音效果表

名称	效果
无	不会对相关的声音文件应用效果。选中这个选项将删除以前应用的效果
左声道	只有左声道播放声音
右声道	只有右声道播放声音
向右淡出	会将声音从左声道切换到右声道
向左淡出	会将声音从右声道切换到左声道
淡入	随着声音播放时间的增加逐渐增加音量
淡出	随着声音播放时间的增加逐渐减小音量
自定义	可以使用【编辑封套】来创建自定义的声音淡入和淡出点

表 4-2 声音同步表

名称	效果
事件	将声音和一个事件的发生过程同步
开始	与【事件】选项的功能相近，但是如果声音已经在播放，那么新声音实例就不会再重叠播放
停止	使得选择的声音静音
数据流	同步声音，方便在网站上进行播放

选择【数据流】可以同步声音，而且 Animate 会强制性地把动画和音频流同步。简单来说，就是声音会随着 SWF 文件的停止而停止，并且播放时间不会比帧的播放时间长。这里的例子可以选择同步数据流，以便气泡的声音同步到开始的动画。

在导入声音的时候，还要注意格式的问题，并不是所有的声音格式都可以导入 Animate 中，可以直接导入的文件格式如表 4-3 所示。其中 MP3 格式是较为常见的一种。

表 4-3 声音文件格式表

声音	文件格式后缀
Wave	.wav
AIFF	.aif, .aifc
Adobe 声音	.asnd
MP3	.mp3
Sound Designer®II	.sd2
Sun AU	.au, .snd
FLAC	.flac
Ogg Vorbis	.ogg, .oga

上面介绍了如何添加声音，接下来将介绍如何在 Animate 中使用视频。在 Animate 中使用的视频有特定的要求，它仅可以播放 FLV、F4V 和 MPEG 等格式的视频。如果不是这些格式，可以使用格式转换工具把其他格式的视频转成 Animate 可以使用的格式，再导入使用。

选择【文件】→【导入】→【导入视频】打开视频导入的界面，这里可以把视频导入当前的 Animate 的文档中，如图 4-83 所示。

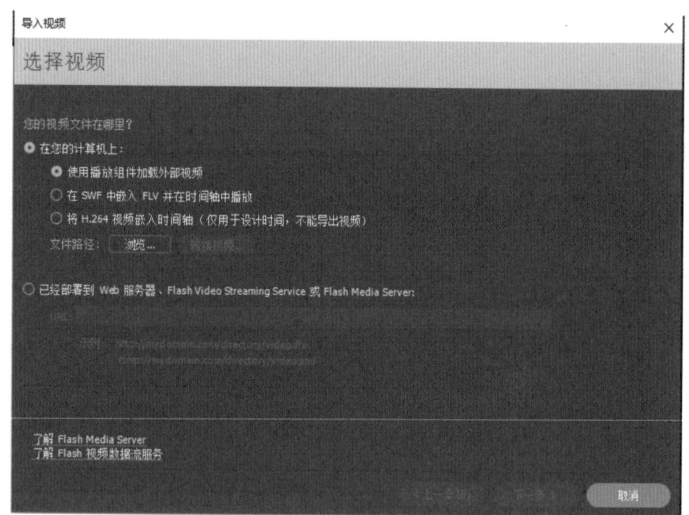

图 4-83

可以选择以下任意一个选项进行导入。

选择【使用播放组件加载外部视频】，可以创建一个 FLVPlayback 组件实例用来控制导入视频的播放。选择之后单击文件路径旁边的【浏览】，可以从计算机中选择要导入的视频文件，然后再单击【下一步】，就会出现如图 4-84 所示的界面，这里可以选择播放器的外观。

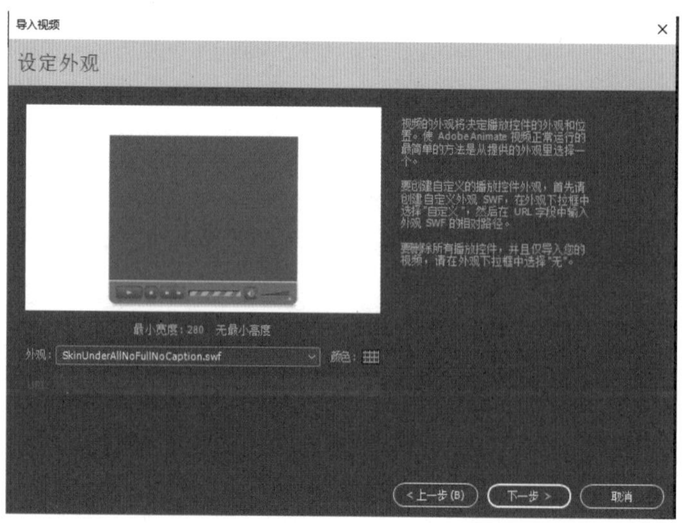

图 4-84

选择【在 SWF 中嵌入 FLV 并在时间轴中播放】，把视频文件 FLV 嵌入 Animate 文档中，并且会放入时间轴中。

选择【将 H.264 视频嵌入时间轴】，把 H.264 视频嵌入 Animate 文档之中。选择之后单击文件路径旁边的【浏览】，可以从计算机中选择要导入的视频文件，然后再单击【下一步】，就会出现如图 4-85 所示的界面，这里可以选择嵌入视频的符号类型。

图 4-85

三、学习任务小结

通过本次课的学习，同学们已经了解了多场景动画的创建方法，同时对于声音和视频的导入也有了一定的认识。课后，同学们要深入理解多场景动画的创建方法，并通过反复实践练习提高制作能力。

四、课后作业

同学们仿照本任务，完成一个多场景的故事设计，场景可以包括开场动画、演员介绍、故事内容、结束等不同部分，分三人一组完成任务，每人至少完成一个场景的设计。

导出与发布

本学习任务的高清图见二维码

教学目标

（1）专业能力：掌握导出与发布动画的方法。

（2）社会能力：具备一定的基础软件操作能力和软件自学能力。

（3）方法能力：资料、信息筛选能力，设计案例分析、提炼及表达能力。

学习目标

（1）知识目标：熟悉动画的导出与发布的方法和技巧。

（2）技能目标：能够根据设计动画的需要，导出与发布动画。

（3）素质目标：具备团队协作能力和一定的语言表达能力，培养自己的综合职业能力。

教学建议

1. 教师活动

（1）教师通过前期收集的二维动画展示，使得学生对 Animate CC 2019 处理二维动画效果有直观认识。同时，运用多媒体课件、教学视频等多种教学手段，讲授导出与发布动画的方法，解决学生在实际操作中遇到的各种问题。

（2）教师通过展示运用了图层与高级动画的二维动画作品，让学生感受 Animate CC 2019 设计的魅力所在。

2. 学生活动

（1）认真听取教师的讲解示范，遇到不懂的知识，用笔记录下来，然后通过上网查询、询问老师或者教师解决。

（2）根据操作要求，进行软件的操作练习，做到举一反三，熟练操作。

一、学习问题导入

用 Animate CC 2019 制作出二维动画，如图 4-86 所示，但动画源文件格式为 FLA，怎么展示给其他人看呢？为了便于网上发布或者在其他计算机上播放，需要把 FLA 格式的文件导成其他格式。本次任务将带领同学们学习导出和发布动画的基本操作。

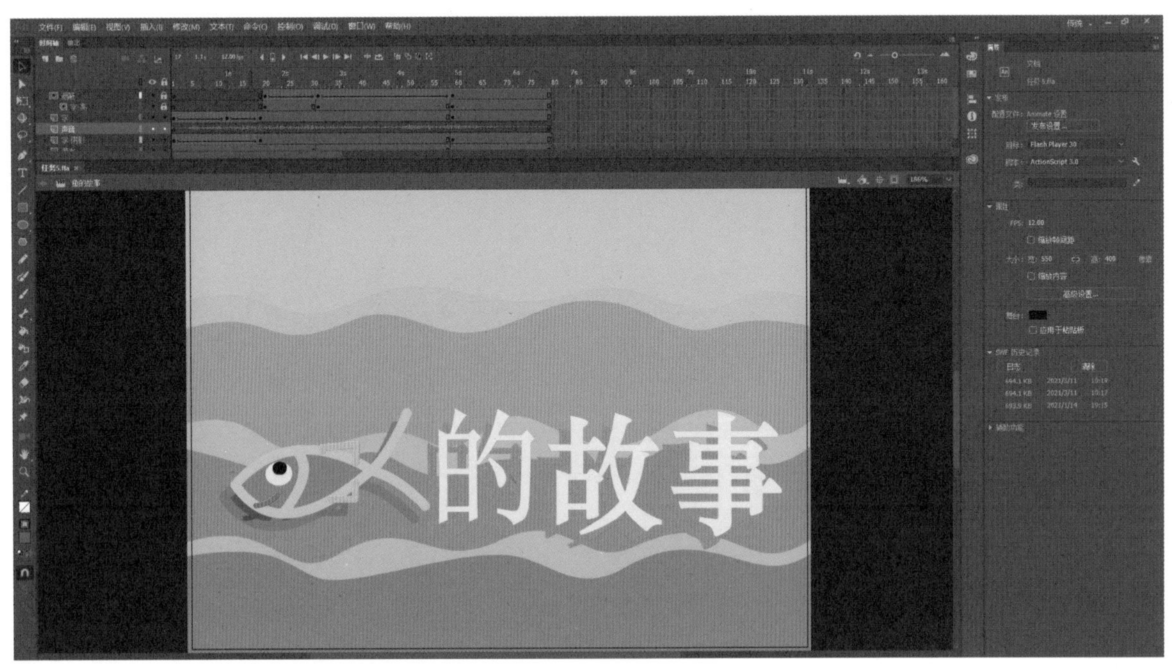

图 4-86

二、学习任务讲解与课堂实训

首先，点击菜单栏中的【文件】，选择【导出】，可以看到如图 4-87 所示画面，导出的方式有导出图像、导出影片、导出视频和导出动画，可以根据项目的需要选择导出的方式。下面将逐一展示每种导出方式。

选择【文件】→【导出】→【导出图像】菜单命令，打开如图 4-88 所示的【导出图像】对话框，可以导出动画里其中一帧的图像。选择【保存】，弹出如图 4-89 所示的界面，选择文件的保存路径，单击【保存】按钮，保存导出的一帧图像，导出结果如图 4-90 所示。当需要截取其中一帧的图像时，可以采取这种方式。

图 4-87

图 4-88

图 4-89

图 4-90

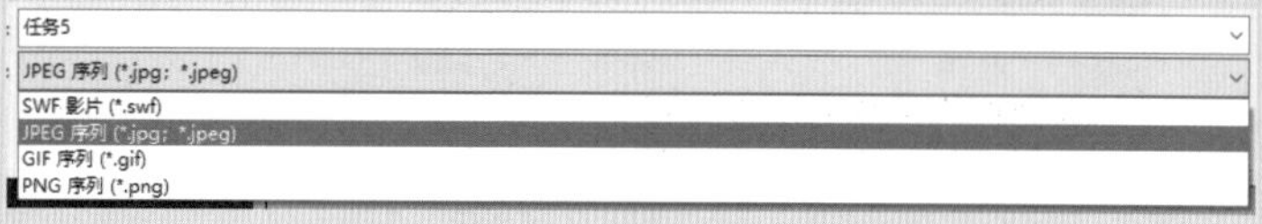

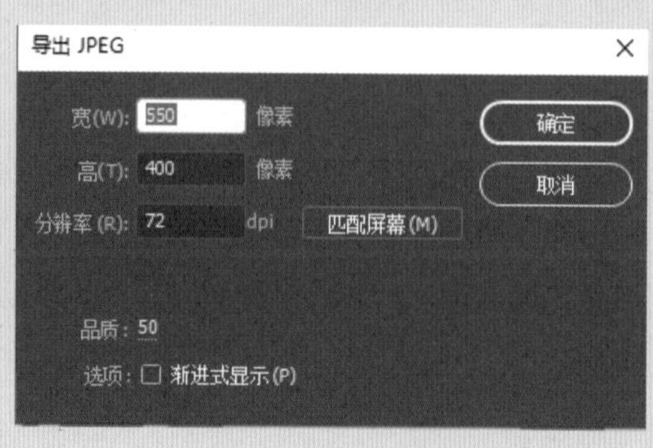

图 4-92

任务5
JPEG 序列 (*.jpg; *.jpeg)
SWF 影片 (*.swf)
JPEG 序列 (*.jpg; *.jpeg)
GIF 序列 (*.gif)
PNG 序列 (*.png)

图 4-91

选择【文件】→【导出】→【导出影片】菜单命令，然后打开保存类型，会出现如图 4-91 所示的 4 个选项。根据需要选择需要导出的格式。例如这里选择 JPEG 格式，弹出如图 4-92 所示的对话框，调整好参数后，按【确定】按钮，会生成如图 4-93 所示的序列帧，每一帧一个图像。这种导出方式可以方便以后使用视频制作软件进行相关的修改。

选择【文件】→【导出】→【导出视频】菜单命令，弹出如图 4-94 所示的对话框。然后根据需要，调整好渲染大小和保存的位置，就可以按【导出】。导出的视频可以在其他电脑的播放器播放而不用安装 Animate CC 2019，减小了操作的难度。

选择【文件】→【导出】→【导出动画】菜单命令，弹出如图 4-95 所示的界面。根据需要，进行相关参数的调整后，按【保存】按钮，选择保存的位置，如图 4-96 所示，最后按【完成】按钮，就可以导出一个 .gif 格式的文件。这种格式的动图与视频相比，文件比较小。

除了导出之外，还可以发布动画。选择【文件】→【发布设置】菜单命令，弹出如图 4-97 所示的界面。根据需要，设置好相关的属性，然后点击【确定】按钮。

图 4-93

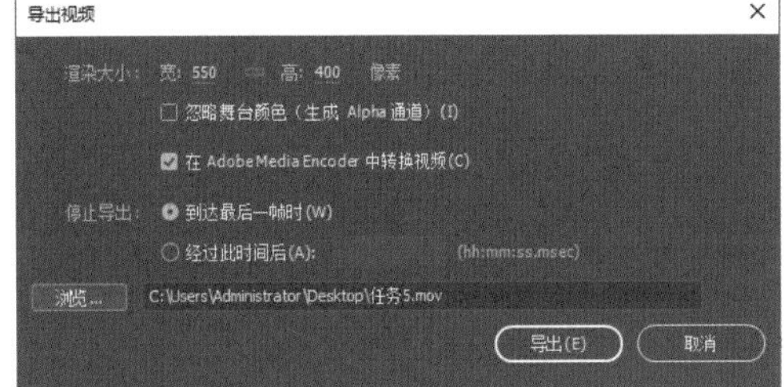

图 4-94

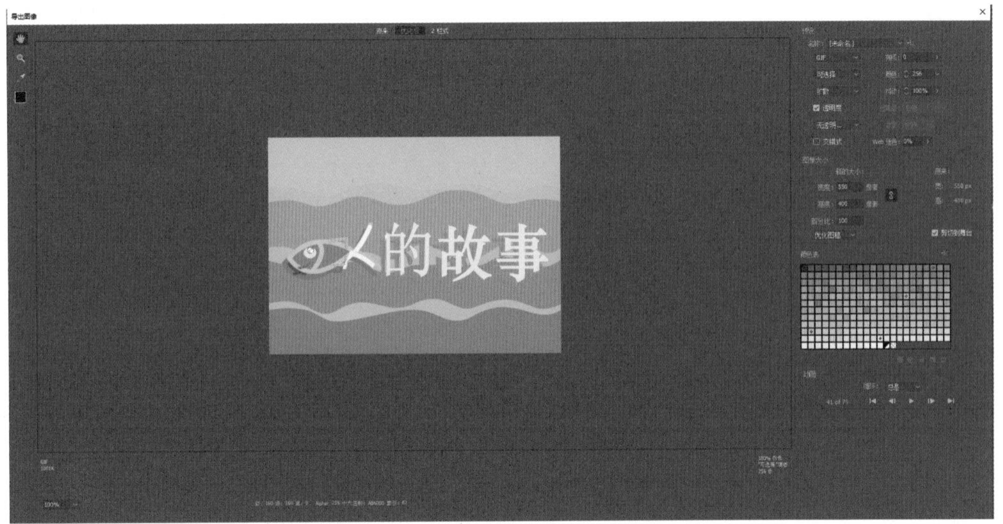

图 4-95

图 4-96

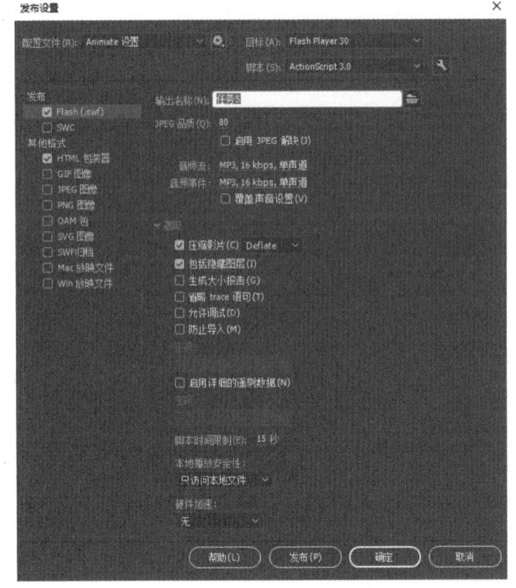

图 4-97

三、学习任务小结

通过本次课的学习，同学们已经初步掌握了动画导出与发布的方法，能够导出不同的格式的动画。课后，同学们要进一步练习动画导出与发布的方法，做到熟能生巧。

四、课后作业

同学们仿照本任务，把自己完成的动画场景导出或者发布，分三人一组完成任务，每人至少完成一种方式的操作。

项目五
交互动画与编程

学习任务一　动作面板基础

学习任务二　控制动画操作

动作面板基础

教学目标

（1）专业能力：掌握 Animate CC 2019 动作面板的属性和基本操作方法。

（2）社会能力：具备一定的基础软件操作能力和软件自学能力。

（3）方法能力：资料、信息筛选能力，设计案例分析、提炼及表达能力。

学习目标

（1）知识目标：掌握 Animate CC 2019 动作面板的操作方法。

（2）技能目标：能够根据设计动画的需要，为动画添加动作脚本。

（3）素质目标：具备团队协作能力和一定的语言表达能力，培养自己的综合职业能力。

教学建议

1. 教师活动

（1）教师通过对优秀交互动画的展示与分析，让学生对交互动画与编程有直观的感受，从而引发学生对动作面板基础的学习兴趣。

（2）运用多媒体课件、教学视频等多种教学手段，讲授 Animate CC 2019 动作面板基础的学习要点，解决学生在实际操作中遇到的各种问题。

（3）教师示范动作面板中为动画添加动作脚本的方法，让学生更直观地感受动作面板的便捷。

2. 学生活动

（1）认真听取教师的讲解示范，遇到不懂的知识，用笔记录下来，然后通过上网查询、询问老师或者教师解决。

（2）根据操作要求，进行 Animate CC 2019 动作面板的操作练习，做到举一反三。

一、学习问题导入

通过之前的学习，同学们对图形、元件和多场景动画有了比较深入的了解。如图 5-1 所示的是为动画添加了动作脚本的效果，画面中设定了星星的数量、大小和透明度。那么如何给动画添加动作脚本呢？本次任务将学习如何使用动作面板以及在动画中添加动作脚本。

图 5-1

二、学习任务讲解与课堂实训

Animate CC 2019 动画交互性功能可以通过 ActionScript 编写的命令集，添加动作，引导影片或外部应用程序执行任务。一个事件可以触发多个动作，且多个动作可以在不同的目标上同时执行。动作可以相互独立地运行，如指示影片停止播放；也可以在一个动作内使用另一个动作，如先按下鼠标，再执行拖动动作，从而将动作嵌套，使动作之间可以相互影响。

1. 动作面板

Animate CC 2019 提供一个简单、直观的动作脚本编写界面，即【动作】面板。如果要在影片中添加脚本，就要使用【动作】面板，在【动作】面板中直接输入脚本代码。单击【窗口】菜单下的【动作】或按快捷键 F9，即可打开动作面板，如图 5-2 所示。

通过【动作】面板可以访问整个 ActionScript 命令库，快速生成或编写代码。当然，如果要编写动作用于高级开发，必须熟悉编程语言。在 Animate CC 2019 中，还可以创建一个外部 ActionScript 文件（*.as）编辑脚本。

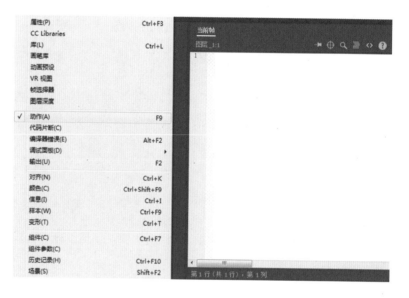

图 5-2

2. 动作面板包含的窗格

① 左侧窗格为【脚本导航器】，它列出了 Animate 文档中的脚本位置，可以单击【脚本导航器】中的项目，在右侧的【脚本】窗格快速查看这些脚本。

② 右侧窗格是【脚本】窗格，用于输入与当前所选帧相关联的 ActionScript 或 JavaScript 代码。在右侧的【脚本】窗格中，提供了一些功能用于辅助输入代码，如图 5-3 所示。

③ 固定脚本：将脚本固定到脚本窗格中各个脚本的固定标签中，然后相应地移动它们。如果使用多个脚本，可以将脚本固定，以保留代码在动作面板中的打开位置，然后在各个打开的不同脚本中切换。

④ 插入实例路径和名称：帮助设置脚本中某个动作路径。

⑤ 查找：查找并替换脚本中的文本。

⑥ 设置代码格式：帮助设置代码格式，使代码符合基本格式规范，更易被看懂。

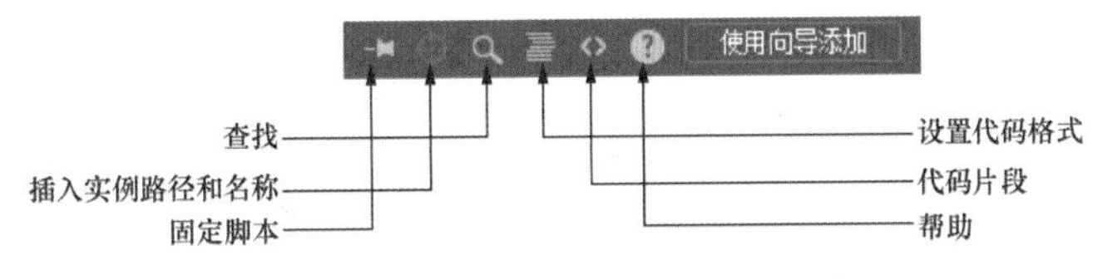

图 5-3

注意：ActionScript 3.0 只能在帧或外部文件中编写脚本。添加脚本时，应尽可能将 ActionScript 放在一个位置，以便更高效地调试代码、编辑项目。如果将代码放在 FLA 文件中，添加脚本时，Animate CC 2019 将自动添加一个名为“Actions”的图层。

3. 使用动作面板

在 Animate CC 2019 中，用户可以直接在【动作】面板右侧的【脚本】窗格中编辑动作脚本。

① 选中时间轴上要添加动作脚本的关键帧。

② 右击快捷菜单中的【动作】命令。

③ 在【脚本】窗格中输入动作脚本。

4. 应用案例：繁星闪烁的夜空动画

此案例将通过动作脚本制作繁星闪烁的动画，画面有速度不同、大小各异的星星在闪烁，让读者对动作面板的属性和添加动作脚本的方法有更深入的了解。

① 执行【文件】→【新建】命令，新建一个文档，宽 600 像素、高 600 像素，背景颜色为深蓝色。

② 用【椭圆工具】绘制一个圆形，执行【窗口】→【颜色】命令，打开【颜色】面板，在【颜色类型】下拉列表中选择【径向渐变】。

③ 调整合适的渐变色，填充效果如图 5-4 所示。

图 5-4

④ 按 Fn+F8 将圆形转为元件，命名为“star”，选中【为 ActionScript 导出】，单击【确定】按钮关闭对话框，如图 5-5 所示。

⑤ 右击【库】面板中的元件 star，在弹出的快捷菜单中选择【编辑类】命令，打开 star.as 文件，添加如图 5-6 所示的代码。

⑥ 执行【文件】→【保存】命令，将 star.as 文件保存在 FLA 文件的同一目录下。

⑦ 返回主时间轴，将主时间轴的第一个图层重命名为“Actions”，然后打开【动作】面板，添加代码，如图 5-7 所示。

⑧ 保存文件，按 Ctrl + Enter 键测试。

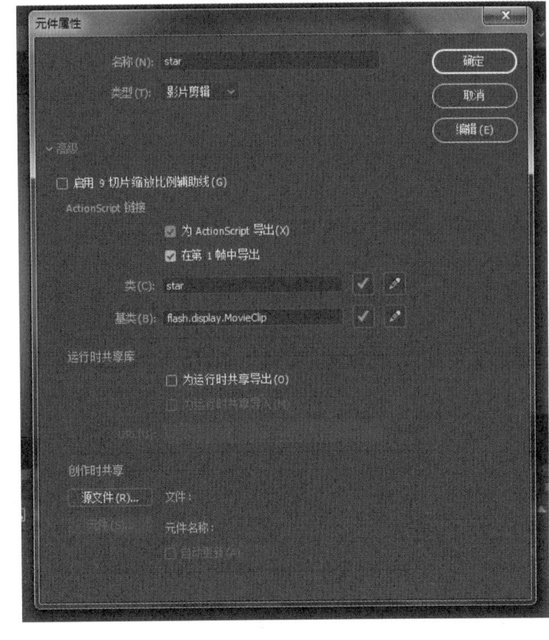

图 5-5

```
package {
    import flash.display.MovieClip;
    import flash.events.*;
    public class star extends MovieClip {
        private const W:Number=600;
        private var step:int=int (Math.random()*100);
        public function star() {
            this.x = W;
            addEventListener(Event.ENTER_FRAME,starEnterFrame);
        }

        public function starEnterFrame(event:Event):void
        {
            if (this.x<0)
            {

                this.x=W;
            }
            else
            {
                this.x=this.x-step/5;
            }
        }
    }
}
```

图 5-6

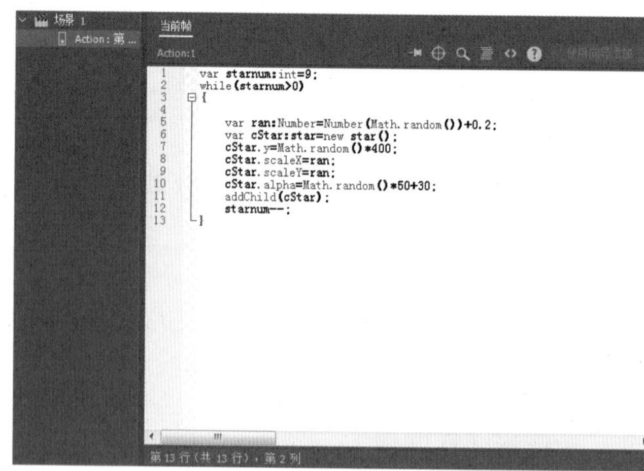

图 5-7

三、学习任务小结

通过本次课的学习，同学们已经了解到 Animate CC 2019 动作面板的属性和动作面板基本操作方法。在制作繁星闪烁的动画时，可以添加动作脚本，展现画面元素数量、大小的变化。课后，同学们要对本次课的知识点进行反复练习，掌握其中的方法和技巧。

四、课后作业

（1）在网上收集两个自然现象变化的动画。

（2）根据上面所学的动作面板基本操作方法，以案例为参考，制作一个动画。

控制动画操作

教学目标

（1）专业能力：掌握 Animate CC 2019 创建交互操作的基本方法。

（2）社会能力：具备一定的基础软件操作能力和软件自学能力。

（3）方法能力：资料、信息筛选能力，设计案例分析、提炼及表达能力。

学习目标

（1）知识目标：掌握通过添加动作脚本，控制动画的播放和停止的方法。

（2）技能目标：能够根据设计动画的需要，为动画设置播放、停止功能。

（3）素质目标：具备团队协作能力和一定的语言表达能力，培养自己的综合职业能力。

教学建议

1. 教师活动

（1）教师通过对优秀交互动画的展示与分析，让学生对创建交互操作有比较直观的感受，从而引发学生对控制动画操作的学习兴趣。

（2）运用多媒体课件、教学视频等多种教学手段，讲授 Animate CC 2019 播放和停止动画的学习要点，解决学生在实际操作中遇到的各种问题。

（3）教师示范控制动画播放或停止的操作，指导学生上机操作练习。

2. 学生活动

（1）认真听取教师的讲解示范，遇到不懂的知识，用笔记录下来，然后通过上网查询、询问老师或者教师解决。

（2）根据操作要求，进行 Animate CC 2019 创建交互操作练习，做到举一反三。

（3）课后收集设计素材，为作品的设计提供足够的资源储备，创作出符合要求的动画。

一、学习问题导入

Animate CC 2019 的动画具有交互性，用户可以通过对按钮的控制来更改动画的播放形式。如图 5-8 所示，该画面添加了控制命令，就可以控制动画播放和按钮状态的变化。那么这样的交互操作是如何创建的呢？本次任务将一起学习控制动画播放或停止的操作。

图 5-8

二、学习任务讲解与课堂实训

Animate CC 2019 可以使用动作面板添加动作脚本，控制动画的播放、停止。

1. 播放和停止影片

使用【动作】面板，添加 play 和 stop 动作可以控制影片或影片剪辑播放和停止。

① 选择要指定动作的帧、按钮实例或影片剪辑实例。

② 执行【窗口】→【动作】命令，打开【动作】面板，在【动作】面板的【脚本】窗格中根据需要输入如下脚本：

```
stop();
MyClip.play();
MovieClip(this.root).stop();
```

2. 应用案例：控制蜜蜂运动

设置开始时，蜜蜂不停扇动翅膀，单击红色按钮，蜜蜂停止运动；单击绿色按钮，蜜蜂又开始扇动翅膀。

图 5-9

① 新建一个 ActionScript 3.0 文档，舞台大小为 1280 像素 ×720 像素。执行【插入】→【新建元件】命令，创建一个名为“bee”的影片剪辑。

② 选中第 1 帧，使用【绘图工具】绘制如图 5-9 所示的蜜蜂。

③ 单击第 2 帧，按 F6 键添加关键帧，效果如图 5-10 所示。

图 5-10

图 5-11

④ 按照第③步的方法从第 3 帧开始，逐帧绘制动画，一直到第 4 帧，如图 5-11 所示。

⑤ 返回主场景。执行【插入】→【新建元件】命令，新建一个名为“red”的按钮元件。使用【绘图工具】绘制如图 5-12 所示的圆形按钮，分别代表按钮的弹起、指针经过、按下、点击四种状态。对应的时间轴如图 5-13 所示。

⑥ 用同样的方法制作一个“green”按钮元件，四种状态效果如图 5-14 所示。

⑦ 返回主场景。打开【库】面板，将“bee”影片剪辑、“green”按钮元件、“red”按钮元件拖到舞台上，并摆放到合适的位置。

⑧ 选中影片剪辑实例，在【属性】面板上设置实例名称为“bee_mc”；分别选中两个按钮实例，在【属性】面板上分别命名为“stopbutton”和“startbutton”。然后使用【文本工具】输入文本。

⑨ 选中红色按钮实例，打开【代码片断】面板，双击【事件处理函数】分类下的【Mouse Click 事件】。切换到【动作】面板，在脚本编辑区删除示例代码，然后输入如下代码：

执行【文件】→【保存】命令保存文件，然后按 Ctrl+Enter 键测试影片。

bee_mc.stop();

图 5-12

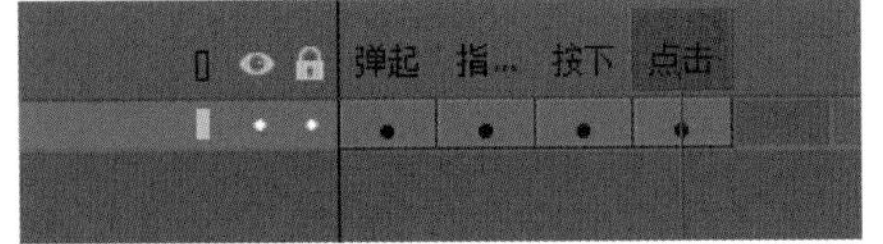

图 5-13

图 5-14

⑩ 选择绿色按钮，按照第⑨步的方法在【动作】面板的脚本编辑区输入如下代码：

bee_mc.play();

此时，动作面板的脚本编辑区中的代码如图 5-15 所示。

⑪ 执行【文件】→【保存】命令保存文件，然后按 Ctrl+Enter 键测试影片。

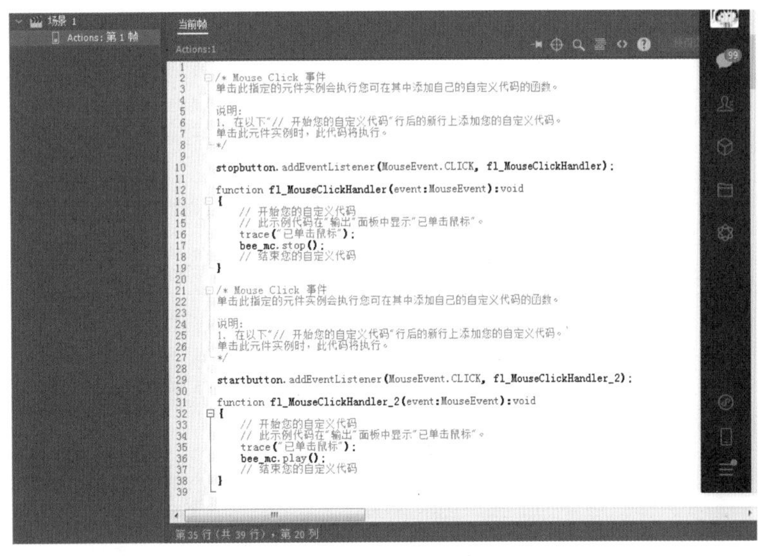

图 5-15

三、学习任务小结

通过本次课的学习，同学们已经了解到使用动作面板添加动作脚本，控制动画的播放和停止的方法。在制作控制蜜蜂运动的动画时，可以添加动作脚本，使动画停止或继续播放。课后，同学们要对本次课的知识点进行反复练习，掌握其中的方法和技巧。

四、课后作业

（1）在网上收集 3 个人物、动物或自然现象的 GIF 动画。

（2）然后根据上面所学的控制动画操作知识，通过添加动作脚本，控制动画的播放和停止。

项目六 After Effects CC 2019 动画基础入门

学习任务一 After Effects CC 2019 操作界面

学习任务二 动态图形设计

学习任务三 字符动画设计

After Effects CC 2019 操作界面

教学目标

（1）专业能力：能通过讲解 After Effects CC 2019 工作界面，让学生对 After Effects CC 2019 各个界面的功能有初步了解；能通过对比讲解预设帧速率、分辨率等视频基础知识，让学生了解和掌握 After Effects 设置 MG 动画项目的方法；能通过演示讲解时间轴面板、图标编辑器的基础知识，让学生掌握制作动画软件的操作方法。

（2）社会能力：能掌握制作 MG 动画所需的软件工作界面名称，能自定义工作界面，并能够掌握各个界面和工具面板以及隐藏选项的使用方法。了解制作 MG 动画所必需的视频设置知识，为以后的 MG 动画制作的学习打下扎实的基础。

（3）方法能力：能课前主动预习，课堂上认真倾听，多做笔记；实训中多问、多思考、勤动手；课堂上主动承担小组活动，相互帮助；课后在专业技能上主动进行拓展实践。

学习目标

（1）知识目标：能够正确叙述 After Effects CC 2019 各个界面和工具面板的名称以及隐藏选项的使用方法；能够正确叙述合成设置的各部分设置知识。

（2）技能目标：能够设置不同使用需求的工作界面，能设置自定义界面；能根据设计需求进行新合成设置、创建图层；进行图表编辑器调整等的软件操作。

（3）素质目标：能够理解并记住 After Effects CC 2019 软件界面的理论知识，能根据需求快速找到工具和选项，培养熟练操作软件的能力。

教学建议

1. 教师活动

（1）课前利用慕课、在线微课等多种途径，引导学生完成软件界面知识的理论学习。

（2）在课堂上教师通过讲授、课件展示、上机操作演示结合课堂互动提问，讲解 After Effects CC 2019 软件界面的理论知识，启发和引导学生的课程学习，培养学生对于本软件的学习兴趣，锻炼学生的自我学习能力。

2. 学生活动

（1）课前根据教师引导，学生利用慕课、微课等多种途径完成软件界面的理论学习。

（2）学生在课堂倾听老师的讲解，观看教师软件操作演示，小组讨论软件界面、菜单、工具等的位置。独立完成软件界面自定义设置。

（3）课后能回顾课程知识技能点并复习，进一步熟悉软件界面。

一、学习问题导入

本次课主要介绍 After Effects CC 2019 的启动方法，以及其工作界面和视频基础知识、MG 动画文件创建项目、创建合成的步骤以及发布格式文件的基本操作等内容。通过本次课的学习，同学们可以认识 After Effects CC 2019 的工作界面，掌握一些基本的文件操作工作流程，为 After Effects CC 2019 的 MG 动画制作打下坚实的基础。

二、学习任务讲解与课堂实训

1.After Effects CC 2019 界面介绍

（1）启动 After Effects CC 2019 软件。

启动 After Effects CC 2019 软件的方法有两种：一是双击桌面的 After Effects CC 2019 快捷方式图标 Ae ，启动 After Effects 程序，进入初始界面；二是在桌面【开始】菜单找到 After Effects CC 2019 软件，单击鼠标左键启动。

（2）After Effects CC 2019 工作界面。

启动 After Effects CC 2019 后，系统会自动弹出【主页】面板，居中显示“欢迎使用 Adobe After Effects”，下方是最近打开过的项目，左侧显示【主页】、【同步设置】、【新建项目】、【打开项目】按钮以及【新建团队项目】和【打开团队项目】。

在该面板右上角点击 ，关闭【主页】面板，会显示 After Effects CC 2019 的工作界面，它主要由标题栏、菜单栏、工具面板、项目面板、合成面板、时间轴面板和其他工具面板组成，如图 6-1 所示。制作 MG 动画的时候还会使用到效果控件面板，一般情况下它在项目面板旁，如果在打开的界面中找不到它，可以通过【窗口】菜单下的【效果控件（无）】选项打开面板。

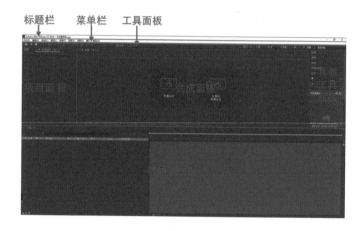

图 6-1

常用工具面板介绍如下。

菜单栏：包含文件、编辑、合成、图层、效果、动画、视图、窗口和帮助 9 个菜单。

工具面板：从左至右依次是主页、选取工具、手形工具、缩放工具、旋转工具、统一摄像机工具、向后平移（锚点）工具、矩形工具、钢笔工具、横排文字工具、画笔工具、仿制图章工具、橡皮擦工具、Roto 笔刷工具、人偶位置控制点工具，本地轴模式、世界轴模式、视图轴模式、沿扩展到图层边界以外的边缘对齐、对齐到并显示折叠合成和文本图层内的特性工具，如图 6-2 所示。工具面板是 After Effects CC 2019 非常重要的面板。工具面板的右侧有默认、了解、标准、小屏幕、库等工作区设置选项，还有搜索帮助选框，如图 6-3 所示。

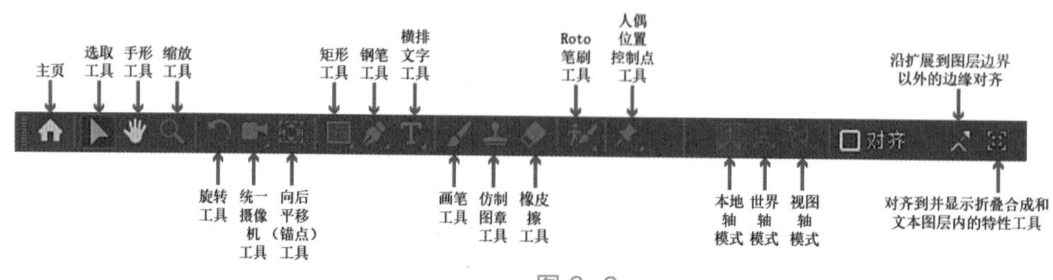

图 6-2

默认　了解　标准　小屏幕　库　搜索帮助

图 6-3

项目面板：主要用于存放素材文件，例如视频原件、图片素材等都会放到这里，是 After Effects CC 2019 的四大功能面板之一。

合成面板：用于查看和编辑素材，记录合成的效果信息以及实时的工作画面信息。

时间轴面板：控制图层效果，调节运动的平台，是 After Effects CC 2019 的核心部分。

其他工具面板：这一部分的面板看起来比较杂，主要是信息、音频、预览、特效与预设窗口等。

（3）调整工作面板。

After Effects CC 的界面很灵活，【工具】面板右端和【窗口】菜单下的【工作区】选项，同时提供了多种界面布局方案。使用时，可以根据制作需求，选择合适的工作区布局，如果在使用的过程中不小心把界面工作区弄乱了，可以通过点击【窗口】菜单进入工作区，再选择【默认】，回到默认的工作区界面。

如果工作区界面很杂乱，如图 6-4 所示，则可以通过点击【窗口】菜单进入工作区，再点击【选择标准】，就可以回到标准默认的工作区界面。

另外，还可以根据需求自定义工作界面，保存或删除自定义界面布局。例如按住鼠标左键并拖曳任意一个面板，可以按照自己的使用习惯来配置工作界面。将鼠标指针移动至两个面板的交界处，可以用拖曳调整面板的显示大小。自定义工作界面时，面板的位置调整主要包括停靠面板、成组面板和浮动面板三种方式。

停靠面板：如果想要将一个面板停靠在一个面板或群组的边缘，可以用鼠标将面板拖曳到另一个面板的高亮显示的区域，最终按照自己的配置需求停靠该面板。

成组面板：是将多个面板合并在一个面板中，通过选项卡来进行切换，如图 6-5 所示。

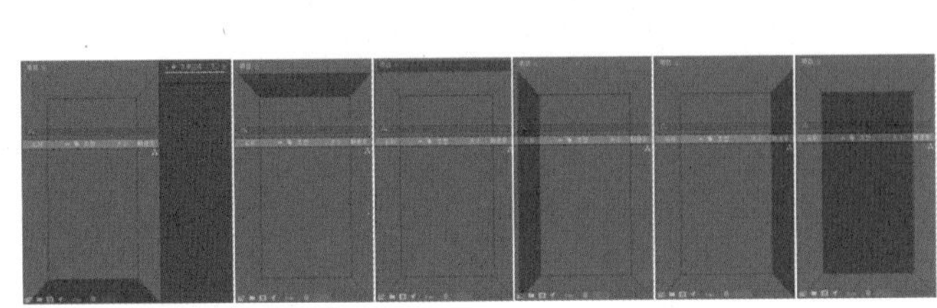

图 6-4

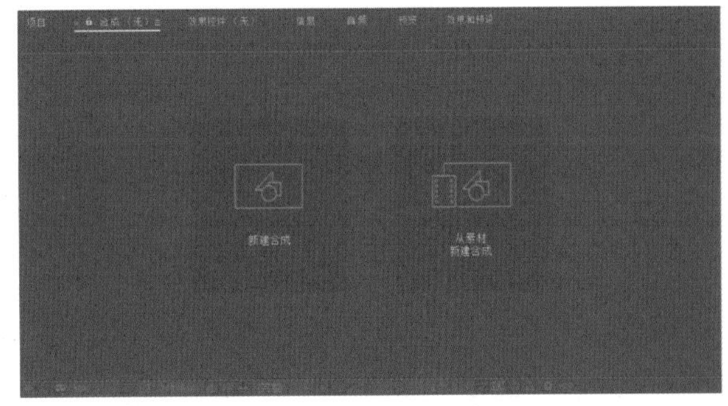

图 6-5

浮动面板：通过浮动操作可以将面板以对话框的形式进行单独显示。可以通过单击面板窗口右上的按钮，在弹出菜单中点击【浮动面板】，完成操作，如图 6-6 所示。

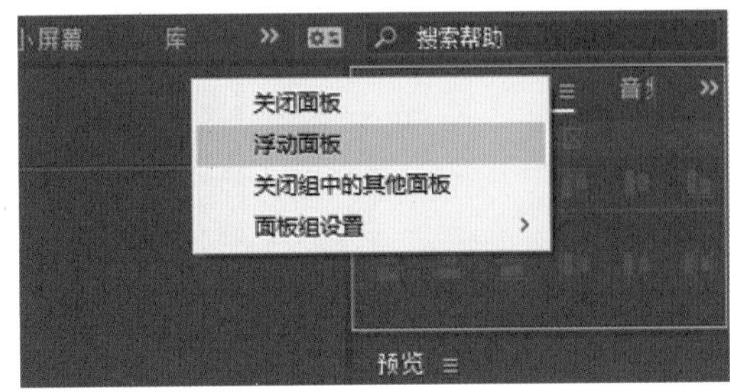

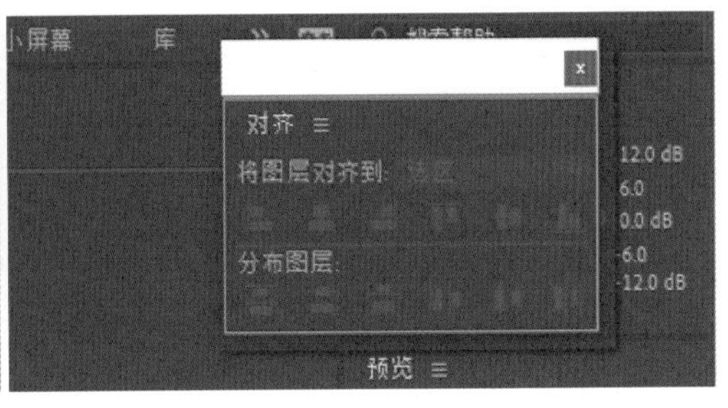

图 6-6

2. 软件操作基础知识

为了让制作好的动画作品能更好地播放和流通，需要先了解 After Effects 软件中最基础的创建动画文件的知识。

（1）创建项目。

当开始进行动画制作时，首先要创建项目，具体操作是：启动 AE，在出现的主页面板左侧找到【新建项目】→【打开项目】，在主页面板不管点击新建还是取消结果都是一样的，操作界面没什么变化，要等到点击【保存】时才可以命名这个文件。

项目文件使用文件扩展名 .aep 或 .aepx。使用 .aep 文件扩展名的项目文件是二进制项目文件。使用 .aepx 文件扩展名的项目文件是基于文本的 XML 项目文件。

After Effects 项目是一个文件，用于存储合成以及该项目中素材项目所使用的全部源文件的引用。一次只能打开一个项目，如果在一个项目打开时创建或打开其他项目文件，After Effects 会提示保存打开项目中的更改，然后将其关闭。在创建项目之后，可以向该项目中导入素材。

创建和打开项目：

创建项目，选择【文件】→【新建】→【新建项目】。

打开项目，选择【文件】→【打开项目】，找到项目，然后单击【打开】。

（2）创建合成。

合成是图层的集合，每个合成均有其时间轴。合成包括视频和音频素材项目、动画文本和矢量图形、静止图像以及光之类的组件等多个图层。

在项目中创建合成有很多种方法。在新创建的项目中，可以在【合成】面板看到两个图标，点击左侧的【新建合成】，就会弹出【合成设置】面板。还可以在【合成】菜单下拉列表找到【新建合成】选项或者在【项目】面板点击鼠标右键选择【新建合成】选项，如图 6-7 所示。

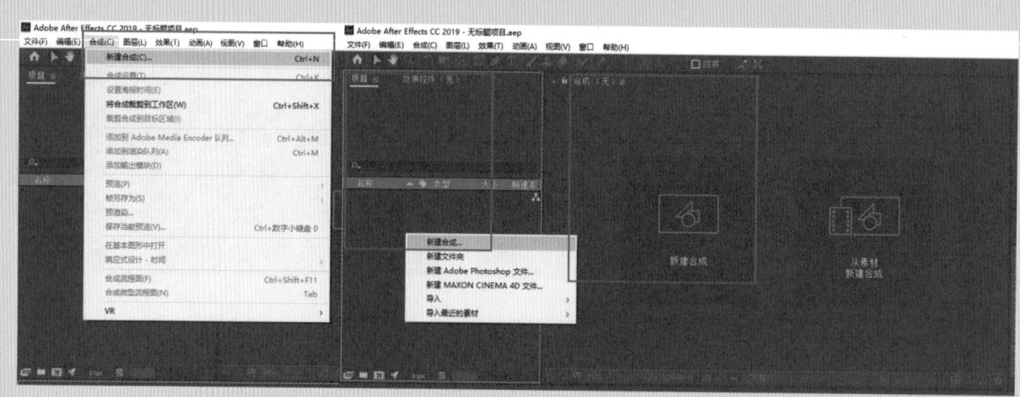

图 6-7

（3）合成设置面板。

点击【新建合成】时会弹出【合成设置】面板，【合成设置】面板参数设置需要注意的是合成名称、预设、像素长宽比、帧速率、分辨率等，如图 6-8 所示。

常用工具面板介绍如下。

合成名称：就是文件的名称。After Effects 中文件名称和文件保存的路径名称最好都是英文，如果是中文有可能出现无法识别的情况。

预设：下拉菜单有几类选项，分别是 NTSC，PAL D1/DV，HDV/HDTV，HDV，DV，HDTV，UHD，Cineon，胶片。NTSC 和 PAL 是电视广播制式，NTSC 主要应用于日本、美国、加拿大、墨西哥等；PAL 主要应用于中国、中东地区和欧洲一带；HD 是高清，其中 HDTV 是高清晰度（高清 HDTV）数字电视标准，其中“HDTV 1080 25”是现在最常用的格式；当选中其中一个预设后，下面的参数会自动设定，不需要更改。具体如图 6-9 和图 6-10 所示。

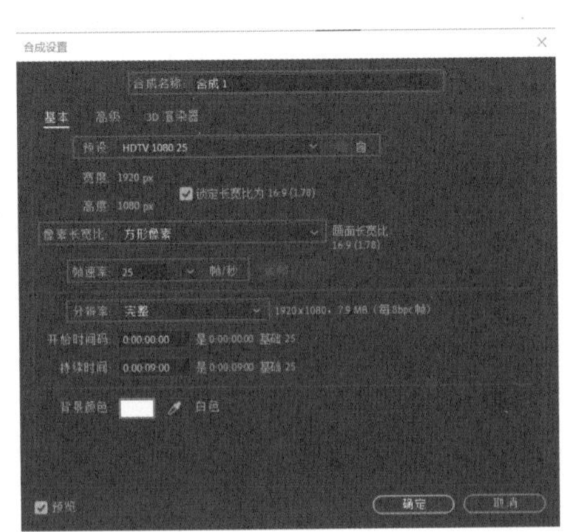

图 6-8

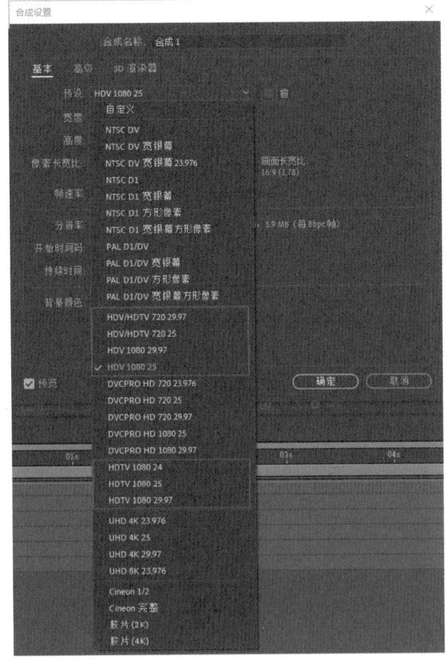

图 6-9

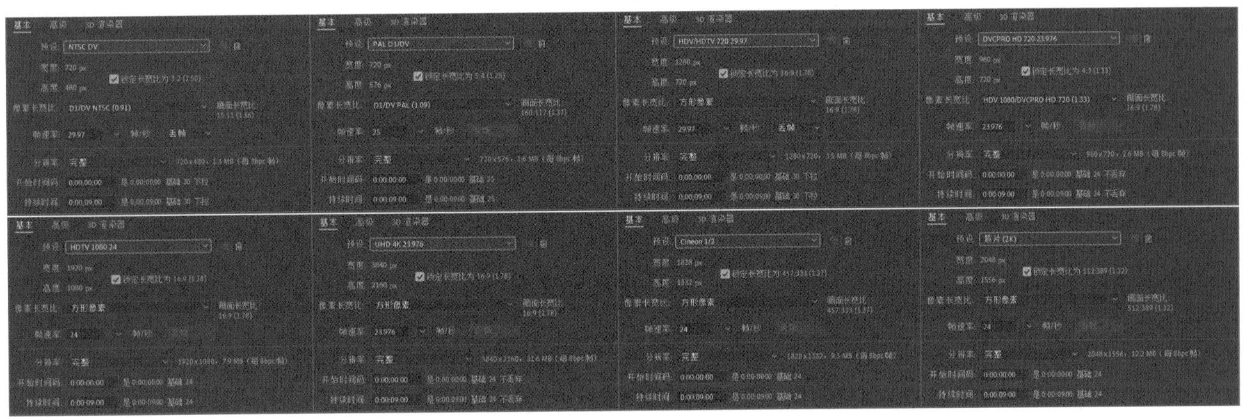

图 6-10

像素长宽比：是指图像中的一个像素的宽度与高度的比。当选中预设后，像素长宽比的参数会自动设定，不需要再更改。使用计算机图像软件制作生成的图像大多使用方形像素，即图像的像素比为 1∶1。

帧速率：是指每秒钟刷新的图片的帧数，也可以理解为图形处理器每秒钟能够刷新几次。对影片内容而言，帧速率指每秒所显示的静止帧格数。现在常用的是 25 帧 / 秒和 30 帧 / 秒这两种，如果没有特殊要求两种都可以。

分辨率：制作动画时，分辨率通常设置为全屏。

开始时间和持续时间：开始时间码如没特殊要求都不要更改。持续时间的 0：00：09：00 分别对应的是小时：分钟：秒：帧，例如设定帧速是 25 帧 / 秒，那么 25 帧后会自动进位到 1 秒。持续时间根据实际制作需求修改。

背景颜色：可根据需求自行更改。当所有参数确定后，按【确定】新建合成。

3. 动画制作基础

（1）时间轴基础。

After Effects 的动画制作全部都是在时间轴完成的。时间轴的主要功能是控制合成中各种素材之间的时间关系，它以层的形式把合成素材逐一摆放，通过在时间轴添加关键帧，使图层或图层上效果的一个或多个属性随时间变化，从而完成动画效果的制作。时间轴的图层时间长度代表了这个素材的持续时间，通过对每个层进行位移、缩放、旋转、定义关键帧、剪切、添加特效等操作，实现动画效果。

时间轴主要分为两个区域，左侧为控制面板区域，右侧为时间线编辑区域；时间线编辑区域又分成关键帧编辑和动画曲线编辑两部分，如图 6-11 ~ 图 6-12 所示。

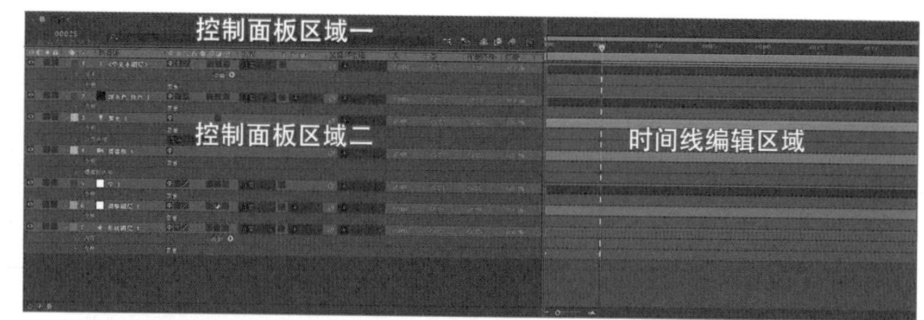

图 6-11

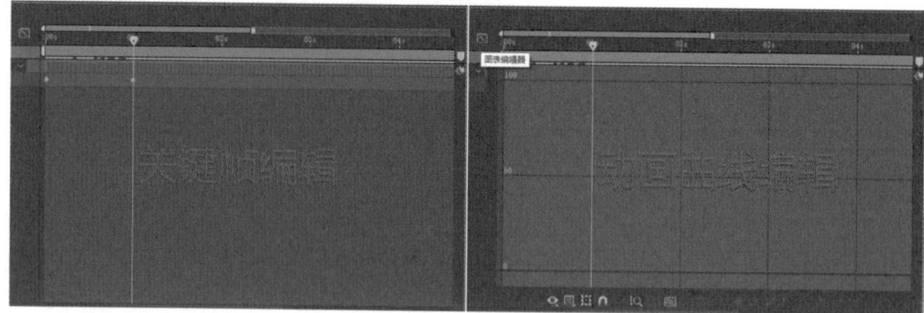

图 6-12

（2）时间轴控制面板区域介绍。

时间轴控制面板区域一如图 6-13 所示。

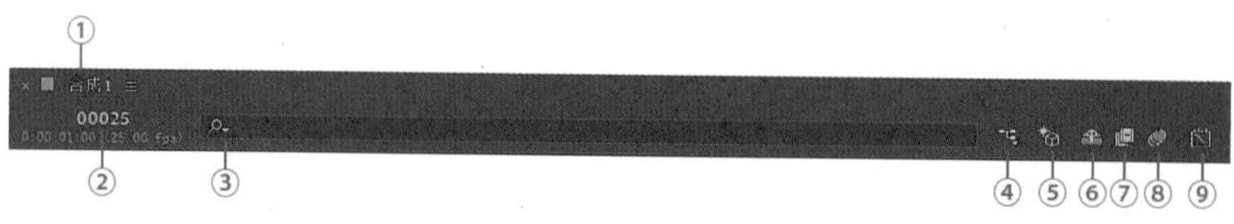

图 6-13

① × 合成1 ≡ ：显示当前合成项目的名称。

② 00025 0:00:01:00 (25.00 fps) 时间码：显示“当前时间指示器”所在的时间位置。单击鼠标左键后，可以输入精确的数字来移动“当前时间指示器”的位置。也可以输入时间增量来定位时间指针的位置，具体操作为：在增量数字前添加一个“+”运算符号。

③ 搜索框：在时间码的右边，用于在时间线面板中查找素材，可以通过放大镜右下的三角形图标，打开关键词，直接搜索到素材。

④ 合成微型流程图（Tab 键）：单击该按钮，可以打开流程图窗口。

⑤ 草图 3D：用来控制是否显示使用草图 3D 功能。

⑥ 隐藏为其设置了“消隐”开关的所有图层：显示或隐藏时间线面板中处于“消隐”状态的图层。通过显示和隐藏层功能来限制显示层的数量，简化工作流程，提高工作效率。

⑦ 为设置了“帧混合”开关的所有图层启用帧混合：可以控制是否在图像刷新时启用帧混合效果。一般情况下，应用帧混合时只会在需要的层中打开帧混合按钮，因为打开总的帧混合按钮会降低预览速度。

⑧ 为设置了“运动模糊”开关的所有图层启用运动模糊：可以控制是否在【合成】窗口中应用动态模糊效果。在素材层后面单击 按钮，可以给该层添加运动模糊。

⑨ 图形编辑器：可以快速切换【曲线编辑器】面板，对关键帧进行属性操作。

时间轴控制面板区域二如图 6-14 所示。

After Effects 由图层菜单来进行图层设置和管理。图层包括【项目】面板中的素材（包括音乐素材）和项目的合成中的新建图层。

新建图层有两种方法，可以在【图层】菜单下的【新建】选项，选择要创建的菜单；也可以在时间轴图层的空白处单击鼠标右键，找到【新建】选项，选择要创建的菜单。

时间轴的控制面板区域二主要是图层管理部分。After Effects 又被称作能运动的 Photoshop，它的图层的概念跟 Photoshop 的图层概念相同，上面图层有内容的地方遮盖下面图层的内容，上面图层没有内容的地方则露出下面图层的内容，上面图层的部分处于透明状态时，将依据半透明程度显示下层内容。时间轴控制面板区域二从左到右还包括展开或折叠【图层开关】窗格，展开或折叠【转换控制】窗格，展开或折叠【入点】/【出点】/【持续时间】/【伸缩】窗格。

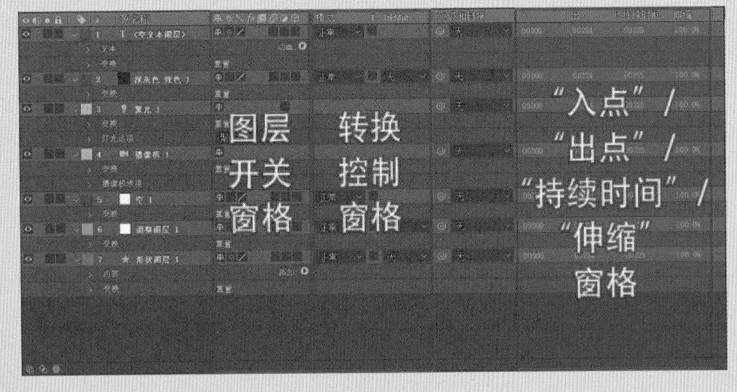

图 6-14

不同类型图层显示及图层部分上面的图标使用方法如图 6-15 所示。

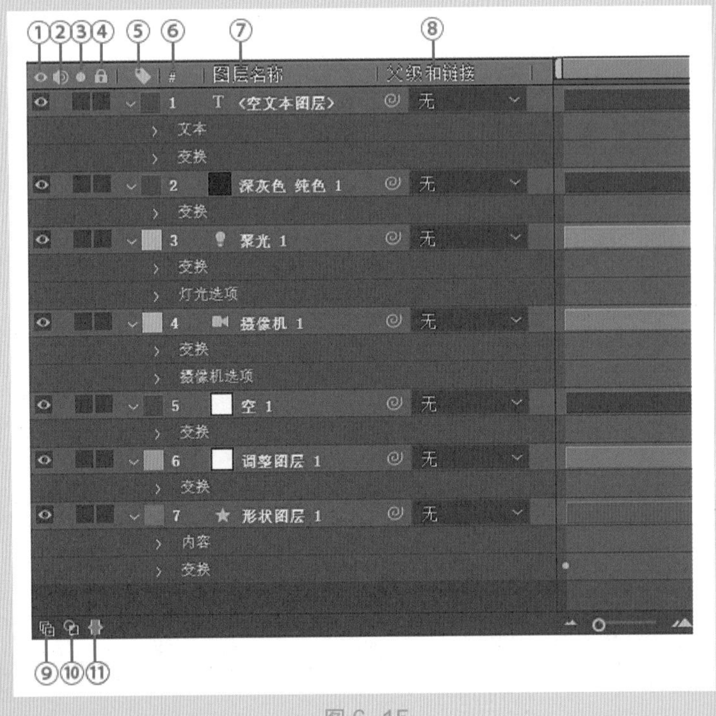

图 6-15

① 显示图标：在预览窗口中显示或者隐藏图层的画面内容。

② 音频图标：在时间轴中添加了音频文件以后，用于播放或关闭音频文件声音。

③ 独奏图标：使用此功能，在【合成】面板上只显示出应用【独奏】功能的图层，其他图层内容隐藏。

④ 锁定图标：可以锁定图层，不能操作。

⑤ 标签颜色图标：可以修改图层时间线颜色。

⑥ 编号图标：用来标注图层的编号，能从上到下依次显示出图层的编号。

⑦ 源名称 源名称 / 图层名称：用鼠标单击【源名称】后，就会变成【图层名称】。素材的名称不能更改，图层的名称可以更改。

⑧ 父子控制图标：将一个图层设置为父图层时，对父图层的操作（位移、旋转、缩放等）将影响到它的子图层，而对子图层的操作则不会影响到父图层。

⑨ 图层开关：展开或折叠【图层开关】窗格。

⑩ 转换控制图标：展开或折叠【转换控制】窗格。

⑪ 【入点】/【出点】/【持续时间】/【伸缩】窗格图标：展开或折叠【入点】/【出点】/【持续时间】/【伸缩】窗格。

After Effects 中可以新建的图层类型有：文本、纯色、灯光、摄影机、空对象、形状图层、调整图层。

用鼠标左键点击【图层】标签左侧的三角形图标，可以展开【图层】的属性组，每一种图层类型都有与其属性相关的属性组以及一个【变换】属性组。例如：文本图层有【文本】和【变换】属性组；纯色有一个【变换】属性组；灯光有【变换】属性组和【灯光】选项；摄影机有【变换】属性组和【摄影机】选项；空对象有一个【变换】属性组；形状图层有【内容】和【变换】属性组；调整图层有一个【变换】属性组。

【图层开关】窗格图标使用方法如图 6-16 所示。

① 隐藏图层图标：用来隐藏指定的图层。当项目的图层特别多时，该功能的作用尤为明显。

② 栅格化图标：当图层是“合成”或 *.ai 文件时才可以使用【栅格化】命令。应用该命令后，【合成】

图层的质量会提高，渲染时间会减少。也可以不使用【栅格化】命令，以使 *.ai 文件在变形后保持最高分辨率与平滑度。

③ 抗锯齿图标：这里显示的是从预览窗口中看到的图像的“质量”，单击鼠标可以在“低质量”和“高质量”这两种显示方式之间切换。

④ 特效图标：图层上添加特效滤镜后，该图标会显示。

⑤ 帧融合图标：在视频快放或慢放时，进行画面的帧补偿应用。

⑥ 运动模糊图标：增强快速移动场景或物体的真实感。

⑦ 调节图层图标：使用后调节图层下方所有图层都会受到调节层特效滤镜的控制。

⑧ 三维空间按钮图标：将二维图层转换成带有深度空间信息的三维图层。

图 6-16

（3）关键帧编辑。

After Effects 中帧和关键帧的概念与 Animate 软件的是一致的，所有的动画效果基本上都有关键帧的参与。关键帧的基本操作如下。

创建关键帧有两种方法：在关键帧编辑模式下，将“当前时间指示器”移动到时间线上想要添加关键帧的位置，用鼠标左键点击属性图层前面的【时间变化秒表】，即创建关键帧；在动画曲线编辑模式下激活属性图层前面的【时间变化秒表】，制作动画曲线关键帧。

按 Shift 的同时连续单击鼠标左键，可选择多个关键帧，或按住鼠标左键框选多个关键帧。

单击时间轴的图层属性名，可以选择图层属性的所有关键帧。

要选择一个图层中的属性数值相同的关键帧，可在其中一个关键帧上单击鼠标左键。

选中一个或多个关键帧左右拖动，可以移动改变关键帧的位置。

在时间轴上同时选择 3 个以上的关键帧，按 Alt 键的同时，使用鼠标左键拖第 1 个或最后 1 个关键帧，可对这组关键帧进行时间整体缩放。

点击 Ctrl+C 键，再点击 Ctrl+V 键，就可以复制和粘贴同一个图层内的关键帧（目前版本的软件不支持多图层复制关键帧，如果多个图层同时全选关键帧，进行复制，等同于复制图层）。如果复制相同属性的关键帧，只需选择目标图层即可，而若复制不同属性的，需要选择目标图层的目标属性。

选中一个关键帧，直接按 Delete 键就可以删除这个关键帧。如果想将一个属性图层的关键帧全部删除，则需要用鼠标左键单击属性图层前面的【时间变化秒表】图标，图标变灰色即可。

关键帧常用的快捷键如下。

前进 1 个帧：Page Down 或 Ctrl+ 向右箭头。

前进 10 个帧：Shift+Page Down 或 Ctrl+Shift+ 向右箭头。

后退 1 个帧：Page Up 或 Ctrl+ 向左箭头。

后退 10 个帧：Shift+Page Up 或 Ctrl+Shift+ 向左箭头。

转到图层入点：I 键。

转到图层出点：O 键。

转到上一个入点或出点：Ctrl+Alt+Shift+ 向左箭头。

转到下一个入点或出点：Ctrl+Alt+Shift+ 向右箭头。

滚动到【时间轴】面板中的当前时间：D 键。

显示带关键帧的属性：U 键。

向左或向右转到关键帧位置：J 键或 K 键。

（4）动画曲线编辑。

一方面，图表编辑器使用二维图表示属性值，并水平表示（从左到右）合成时间。另一方面，在图层条模式中，时间图表仅显示水平时间元素，而不显示变化值的垂直图形表示。

要在图层条模式和图表编辑器模式之间切换，用鼠标左键单击【时间轴】面板最右上角的【图表编辑器】按钮 或按快捷键 Shift+F3，如图 6-17 所示。

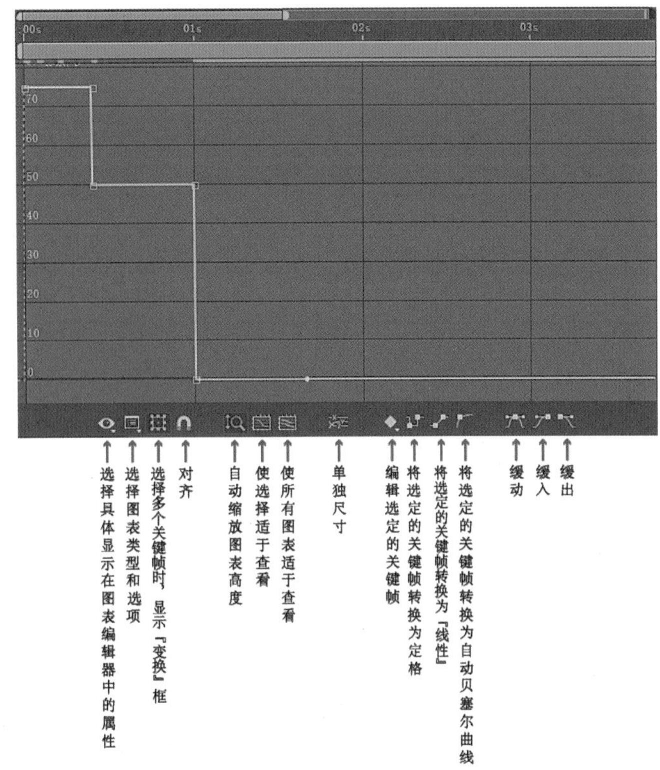

图 6-17

图表编辑器提供两种类型的图表：值图表（显示属性值）和速度图表（显示属性值变化的速率）。对于时间属性（例如“不透明度”），图表编辑器默认显示值图表。对于空间属性（例如“位置”），图表编辑器默认显示速度图表。

在图表编辑器中，每个属性都通过它自己的曲线表示。可以一次查看和处理一个属性，也可以同时查看多个属性。当多个属性显示在图表编辑器中时，每个属性曲线的颜色与图层轮廓中的属性值相同。当在选择了【对齐】按钮的情况下拖动图表编辑器中的关键帧时，该关键帧会与关键帧值、关键帧时间、当前时间、入点和出点、标记、工作区域的起始和结束位置以及合成的起始和结束位置对齐。当关键帧与这些项中的其中一项对齐时，图表编辑器中会显示一条橙色线条以指示对齐到的对象。当开始拖动以临时切换对齐行为后，按住 Ctrl 键，图表编辑器模式中的关键帧可能在一侧或两侧附加方向手柄。方向手柄用于控制贝塞尔曲线插值。可以使用图表编辑器底部的【单独尺寸】按钮将【位置】属性的组件分离成单个属性（x 位置、y 位置以及适用于 3D 图）。

4. 动画渲染输出

在使用 AE 制作完 MG 动画后就要输出动画视频，输出视频有时是为了通篇预览，看看有没有什么问题，或者是输出最终的视频作品，具体操作如下。

① 点击【编辑】菜单下的【添加到渲染队列】，会弹出【渲染队列】面板，面板包括渲染设置、输出模块、输出到三部分，如图 6-18 所示。

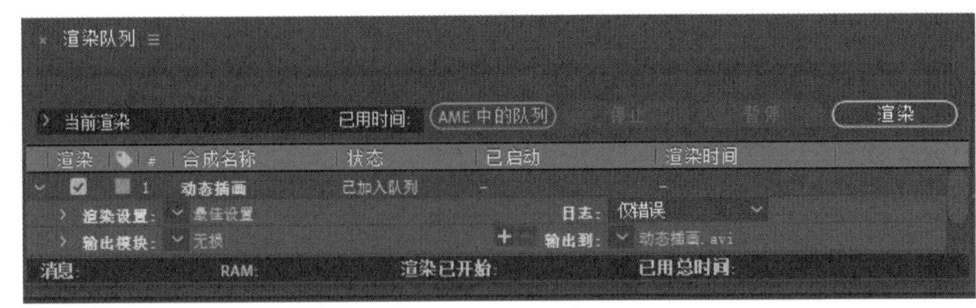

图 6-18

② 找到【渲染设置】，点击后面的蓝字“最佳设置”，会弹出【渲染设置】面板，可以设置合成的品质、分辨率、时间采样、帧速率以及自定义开始结束时间等。

如果仅仅是想输出一个基本样稿，可以在【品质】选择【草稿】，如果是最后的视频输出，选择【最佳】。

③ 找到【输出模块】，点击后面的蓝字“无损”，会弹出【输出模块设置】面板，可以设置格式、视频输出、调整大小、剪裁、音频输出等。

软件默认的是 .avi 格式，该格式的视频是无损的视频，但渲染的文件都比较大。通常情况下，可以选择“QuickTime”格式，渲染快，文件小。

④ 选择【视频输出】栏的通道“RGB+Alpha”选项，可以输出背景透明的视频。

三、学习任务小结

通过本次课的学习，同学们对 After Effects CC 2019 工作界面有了全面的认识。同学们课后需要复习本次任务所学知识点，做学习总结笔记，并通过操作软件熟悉界面，尽可能多地记住工具命令和快捷键，为接下来的学习任务做准备。

四、课后作业

（1）完成本次课的总结笔记。

（2）完成本次课的课后测试。

（3）认识 After Effects CC 2019 工作界面，找到形状图层、多边形工具、合成设置、时间变化秒表、父子控制图标 、图表编辑器这些工具和选项的位置。

（4）自定义一个只显示项目、合成、时间轴、预览、对齐面板的工作界面，并调整到合适的大小。

（5）创建一个相撞图层，点击【变换】→【位置】创建关键帧，利用下面的快捷键进行时间线操作。

前进 1 个帧：Page Down 或 Ctrl+ 向右箭头。

前进 10 个帧：Shift+Page Down 或 Ctrl+Shift+ 向右箭头。

后退 1 个帧：Page Up 或 Ctrl+ 向左箭头。

后退 10 个帧：Shift+Page Up 或 Ctrl+Shift+ 向左箭头。

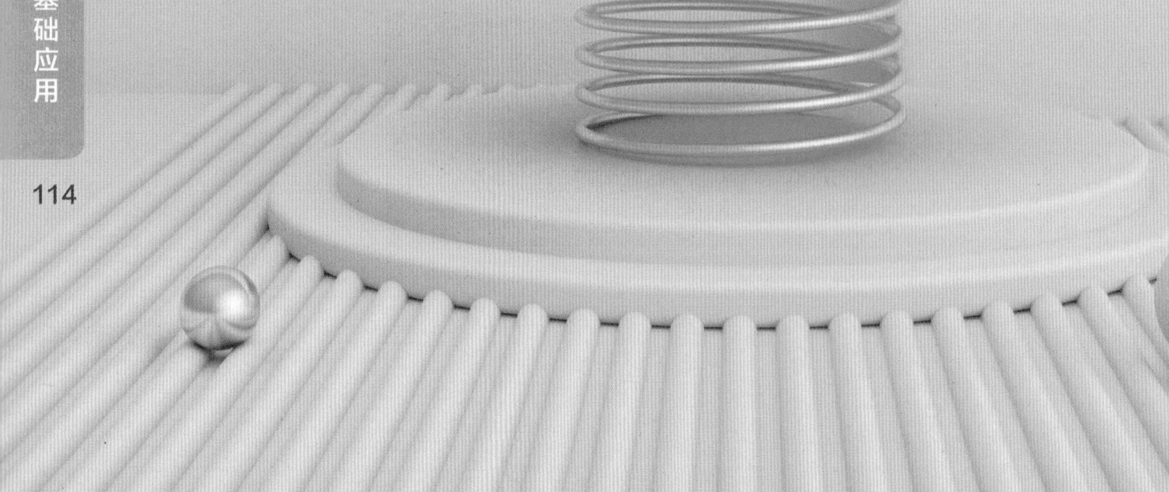

动态图形设计

教学目标

（1）专业能力：能使用工具栏中的矩形工具、钢笔工具、图层选项等多种方法创建形状图层的几何形状。掌握图标编辑器、中继器、修剪路径、复制合成等的软件操作技巧。能根据案例实训完成弹跳小球和烟花动画制作，并举一反三，完成弹性和中继器等类型的拓展动画制作。

（2）社会能力：能了解 MG 动画中点类型动画的制作思路，以及不同类型点动画的制作技巧；能根据制作点动画的需求和最终作品效果，分析并选择合适的软件工具并完成制作；能使用快捷键，加快图形绘制速度和动画制作速度。

（3）方法能力：能课前主动预习，课堂上认真倾听，多做笔记；实训中多问、多思考、勤动手；课堂上主动承担小组活动，相互帮助；课后在专业技能上主动进行拓展实践。

学习目标

（1）知识目标：掌握 AE 软件中几何形状创建的多种方法，了解 MG 动画中点类型动画的制作思路。

（2）技能目标：掌握图标编辑器、中继器、修剪路径、复制合成等的软件操作技巧，能制作弹跳小球和烟花动画。

（3）素质目标：能够用动画理论知识，把握好动画时间节奏，制作真实的动画效果，培养动画制作能力。

教学建议

1. 教师活动

（1）课前利用慕课、在线微课等多种途径，引导学生完成理论知识学习。

（2）在课堂上教师通过讲授、案例展示、上机操作演示结合课堂提问和案例分析，通过软件操作技巧讲解和实战设计案例的分析与讲解，启发和引导学生的设计思维，培养学生对本课程的学习兴趣，锻炼学生的自我学习能力。

2. 学生活动

（1）课前根据教师引导，学生利用慕课、在线微课等多种途径完成理论知识学习。

（2）学生在课堂倾听老师的讲解，观看教师软件操作演示，小组讨论软件操作技巧，并独立完成案例制作，掌握动画制作方法和软件操作方法。

（3）课后能回顾课程知识技能点，并展开拓展，举一反三，思考点类型动画效果的多种制作方法。

一、学习问题导入

图形动画在MG动画中占有重要地位，基础图形动画可以分成点、线、面几大块。点、线、面是几何学的概念，也是平面设计中最重要的构成元素。艺术范畴中“点”的概念和数字概念中的点不一样，简单来说，从视觉上讲，点是可见的最小单元形式，某一个视觉中心的一个地方都可以称为点。

本次课讲解 MG 动画中点类型动画的制作，通过小球弹跳动画和烟花动画两个项目案例，讲解软件操作技巧，以及简单动画和动画发布。每个案例通过案例制作步骤示范，从制作思路、动画运动理论知识、软件操作技巧和动画制作步骤几个方面，着重讲解图形绘制的方法和制作动画的软件操作技巧、软件快捷键使用、动画运动规律等理论和技能，用任务驱动法和项目案例法，充分发挥学生自主学习的主动性，由易到难，由简单到复杂，螺旋上升式展开学习。

二、学习任务讲解与课堂实训

动画的组成就是时间点和空间的幅度。在 After Effects 中，通过修改图层的【变换】属性可以对时间线上的素材进行锚点、位置、缩放、旋转、不透明度的调整，使其产生动画效果，如图 6-19 所示。

锚点属性：可以调整素材中心点。

位置属性：用来制作图层的位移动画。普通图层由 x 轴和 y 轴组成，添加了三维效果的图层由 x 轴、y 轴和 z 轴组成。

缩放属性：以锚点为基准来改变图层的大小。

旋转属性：以锚点为基准来旋转图层。

不透明度属性：可以调整图层的不透明度。

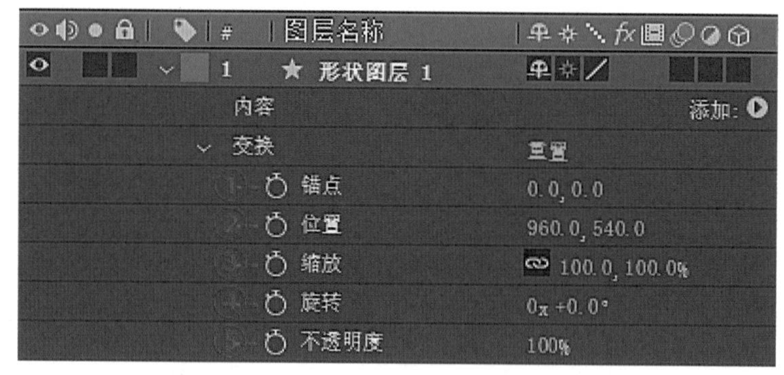

图 6-19

优秀的动画并不仅仅是调整一个或者几个数值就可以完成的。本次学习任务主要通过两个案例示范使用 After Effects 制作动画的方法和步骤。

1. 实训案例一：制作弹跳小球动画

制作思路：先绘制一个圆形小球；然后制作小球在原地下落又弹跳起来的循环动画；接着制作小球在下落时会拉伸，碰撞地面时会产生挤压的动画效果；最后，根据小球的动画效果，制作真实的投影的动画效果。

动画运动理论知识：本案例会使用动画十二法则中的挤压与拉伸。挤压与拉伸是指物体受到力的挤压，产生拉长或者压扁的变形状况，再加上夸张的表现方式，使得物体本身看起来有弹性、有质量、富有生命力，因此较容易产生戏剧性。动画制作步骤如下。

（1）制作小球。

打开 After Effects CC 2019，新建一个项目文件，然后新建合成，将合成名称命名为“弹跳的小球”，预设是：HDTV 1080 25；长度、宽度、像素长宽比、帧速率会自动设置完成；分辨率选择默认“完整”。因为小球弹跳的动画时间很短，动画需要循环播放，所以修改持续时间为 1 秒。背景选择白色。点击【确定】，完成合成设置。

在“弹跳的小球”的合成的时间轴图层空白处，用鼠标左键单击【新建】→【形状图层】新建一个形状图层，如图 6-20 所示。

用鼠标左键点击【形状图层】标签左侧的三角形图标，展开图层的属性组。点击【内容】属性组右侧【添加】标签右边的三角形图标，从弹出的选项中找到【椭圆】，如图 6-21 所示。点击后会在合成面板的中心点位置生成一个 100×100 的正圆形。

再次从选项中找到【填充】和【描边】，给正圆形添加默认的填充和描边颜色。

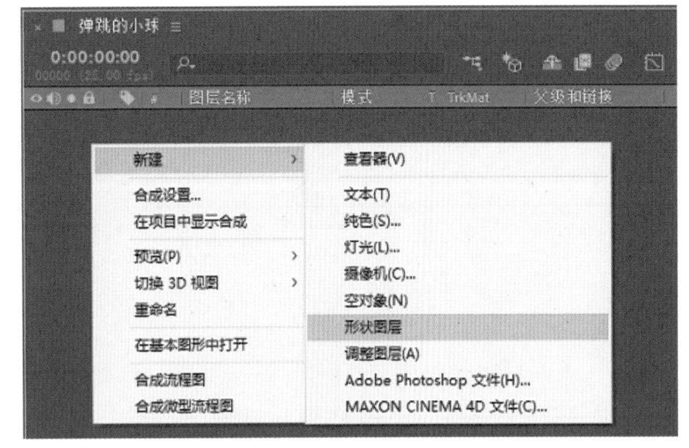

图 6-20

小贴士：从形状图层【添加】中创建的图形，系统自动将其中心点设置在合成的中心点位置，但初始状态只有路径，需要继续在【添加】里为其添加【填充】和【描边】属性，而不能直接从工具栏填充颜色和描边。在【添加】里选择了【填充】和【描边】后，如果想再次修改填充和描边颜色，可以在选中状态下，通过工具栏的【填充】和【描边】选项去修改。

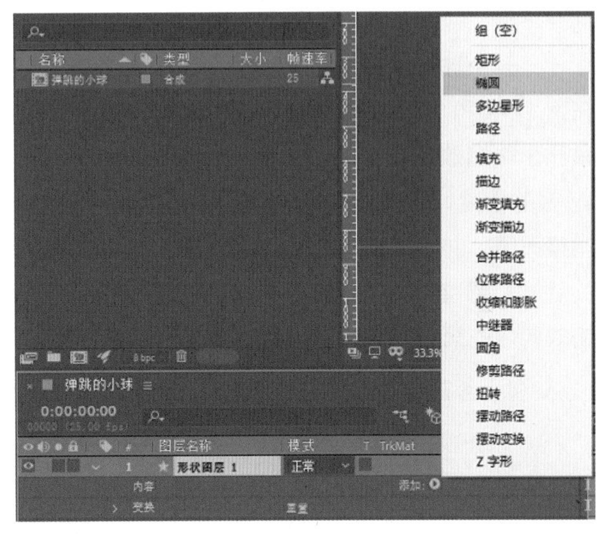

图 6-21

用鼠标左键点击选择这个形状图层，再按回车键，给图层重命名为“小球”，如图 6-22 所示。至此完成小球的绘制。

（2）制作弹跳动画。

使用【锚点工具】，将小球的中心点调到最下面。

小贴士：使用【锚点工具】时，同时按住 Ctrl 键，可以帮助锚点快速贴紧 8 个边框点和中心点。

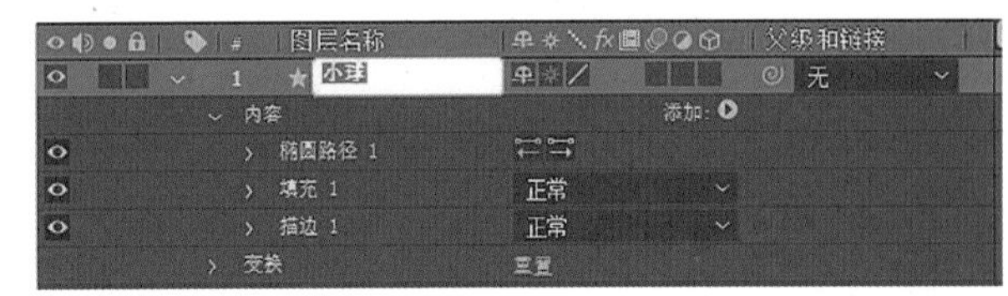

图 6-22

打开小球的【变换】属性组，找到【位置】属性使用（快捷键 P 键，可以仅显示【位置】属性），将“当前时间指示器”移动到【位置】属性层时间线的第 1 帧的位置，用鼠标左键点击属性图层前面的【时间变化秒表】，即可在第 1 帧创建关键帧。

然后将“当前时间指示器”移动到第 12 帧的位置，选择打上关键帧。

小贴士：按住快捷键 Shift+Page Down 或 Ctrl+Shift+ 向右箭头可以在时间线上前进 10 个帧。

设置第 1 帧为初始高度，第 12 帧为落地位置，在第 1 帧和第 12 帧分别调整小球的初始高度和落地位置。因为制作的是循环动画，小球落下之后还要回到原来的位置，所以，将“当前时间指示器”移动到第 24 帧的位置，用鼠标左键点击选择第 1 帧关键帧，然后点击【编辑】菜单下的【复制】和【粘贴】选项（快捷键：Ctrl+C 复制关键帧，Ctrl+V 粘贴关键帧），这样第 1 帧的小球属性就复制到第 24 帧上了。按空格键预览动画。可以看到，小球可以上下循环运动了。

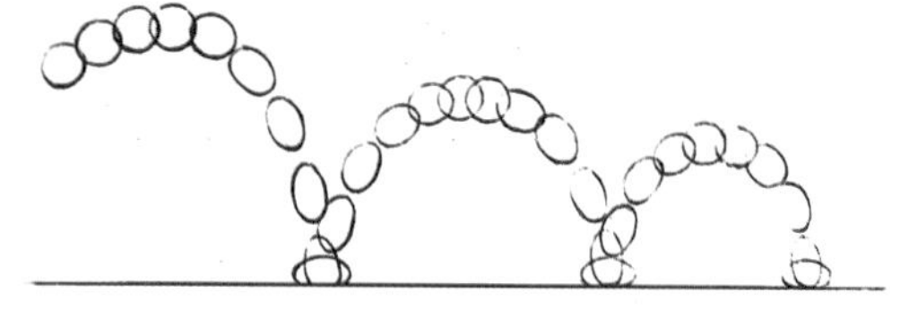

图 6-23

（3）实现真实小球的弹跳动画。

在二维动画中，还原真实小球的弹跳动画需要用到“挤压和拉伸”这个动画运动规律。

通过这个原理来表现真实小球的质感和重量感，用物理学来理解就是作用力与反作用力。

制作时小球在下落时会拉伸，碰撞地面时会产生挤压，这就是挤压和拉伸，如图 6-23 所示。

由于下落惯性，小球从最高处落下时会产生拉伸，在落地时候因为撞击地面会产生相应的挤压变化。然后反弹上升时继续产生拉伸，弹到最高处时回复原来的样子，然后从最高处落下时会继续产生拉伸，如此反复循环。

在 After Effects CC 2019 模拟真实的小球弹跳动画，小球形状的改变就是常态—拉伸—压扁—拉伸—常态的过程。需要做以下属性的调整。

打开小球的【缩放】属性层，在第 1 帧创建关键帧，然后在第 12 和第 22 帧的位置也创建关键帧（使用快捷键 S 键可以只显示【缩放】属性），然后将“当前时间指示器”移动到第 12 帧的位置，取消【变换】属性组的【缩放】前面的链接图标，调整数值，制作小球球身压扁的效果。然后在 10 帧的位置创建关键帧，调整数值，制作小球球身拉伸的效果。然后再将小球缩放属性的第 10 关键帧复制到 14 帧的位置，如图 6-24 所示。

图 6-24

（4）添加缓动效果。

预览动画，可以看到这段动画还是存在问题的，小球的下落和弹起不应该是单纯的匀速运动。小球的下落应该是受到重力的影响速度越来越快的加速运动，小球的弹起则是受到地球引力的影响速度越来越慢的减速运动。

在 After Effects CC 2019 模拟真实的小球弹跳动画的加速度和减速度，需要给关键帧的速度曲线做下调整。

首先隐藏没有添加关键帧的属性层（使用快捷键 U 键可以只显示带关键帧的属性层）。

接下来，用鼠标左键点击选中所有关键帧，按下 F9，将线性关键帧改为缓动关键帧 。选中所有【位置】属性层的关键帧（快捷键：单击属性名称可以对属性选择所有关键帧），先对位移的速度做调整，点击 图标打开图表编辑器。

点击鼠标左键选择第 1 和第 12 关键帧，将这部分的曲线类型调整成一个加速曲线，然后选择第 12 和第 24 关键帧，将这部分的曲线类型调整成一个减速曲线，如图 6-25 所示。接着调整缩放的运动曲线，跟位移的曲线类型大致一样，下落加速曲线和弹起减速曲线，如图 6-26 所示。

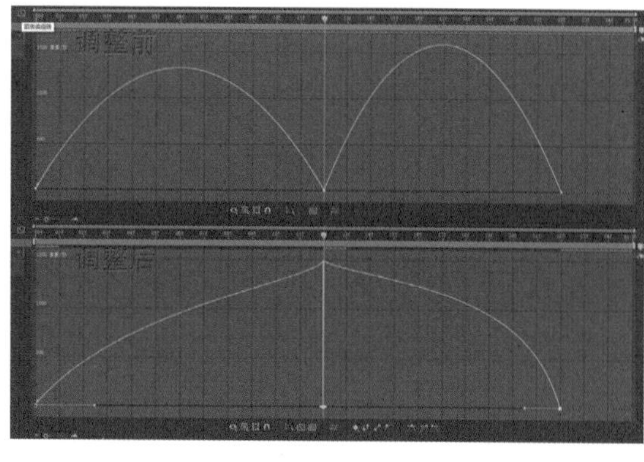

图 6-25

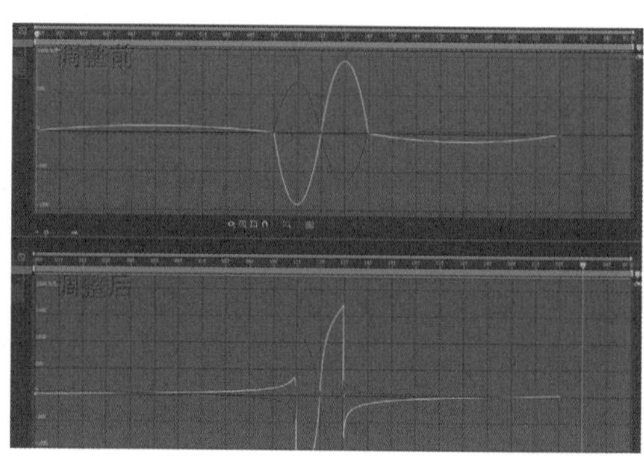

图 6-26

小贴士：在进行贝塞尔曲线调整时需要关注关键帧左右两侧的曲线弧度，如果一次不能调出满意的弧线，请多试几次。

（5）添加投影动画效果。

为了增强小球弹跳效果的真实感，使用【椭圆工具】给小球做投影动画效果。投影动画时应让投影跟随小球上下的弹跳一起运动，需在小球运动的关键帧的位置，添加投影的关键帧，使椭圆投影配合小球的上下弹跳，做出影子大小变化的效果。具体操作如下。

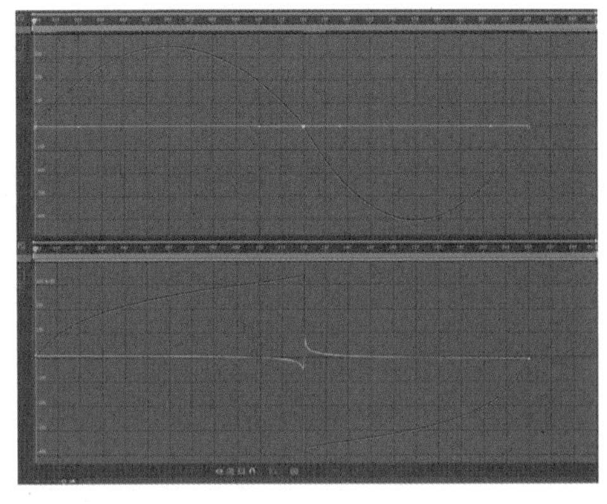

图 6-27

新建形状图层，重命名为“投影”，用鼠标左键点击形状图层并拖动到小球图层下面。添加椭圆图形，添加蓝色填充。将“当前时间指示器”移动到第 12 帧的位置，参考第 12 帧小球的位置和大小，调整投影的【位置】属性和【缩放】属性，得到第 12 帧小球的投影效果，然后在【缩放】属性层的第 1、第 12、第 24 帧分别添加关键帧，参考小球的大小，继续调整投影的【缩放】属性，直到完成投影动画。

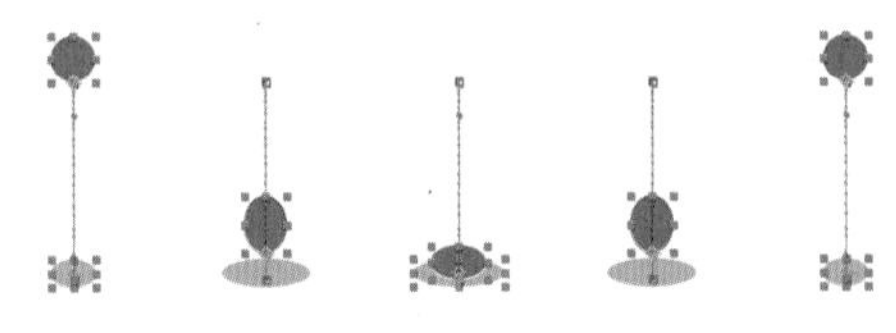

图 6-28

投影图层也要转换缓动关键帧，然后调整投影的【缩放】属性曲线，跟位移的曲线类型大致一样，下落加速曲线和弹起减速曲线，如图 6-27 所示。

预览动画，检查是否存在问题，修改直至得到最终效果，如图 6-28 所示。

（6）渲染输出动画。

确认无误后，点击【编辑】菜单下的【添加到渲染队列】，会弹出【渲染队列】面板，选择“QuickTime”格式，渲染快，最后选择视频输出到的电脑地址即可。

2. 实训案例二：中继器烟花动画

制作思路：先制作 0s—1s 的由中心向外移动并消失的关键帧动画；然后使用【中继器】，制作由中心向外散开的烟花炸开动画；接着使用【修剪路径】，制作从地面上升到空中的烟花上升动画；最后制作若干个烟花，形成多个烟花竞相绽放的动画。

动画运动理论知识：本案例需要模拟烟花真实的绽放效果。整个动画分成两部分，从地面上升到空中的烟花上升动画和由中心向外散开的烟花炸开动画。需要模拟烟花绽放真实的时间节奏。动画制作步骤如下。

（1）绘制基础图形。

打开 After Effects CC 2019，新建一个项目文件，然后新建合成，将合成名称命名为“烟花炸开”，预设是：HDTV 1080 25，长度、宽度、像素长宽比、帧速率会自动设置完成。分辨率选择默认“完整”。持续时间 10 秒。背景选择深蓝色。点击【确定】按钮，完成设置。

首先找到合成面板下缘的【选择网格和参考线选项】图标，在弹出的菜单中选择【标题 / 动作安全】，这样合成面板的画布就显示了“安全框”效果，将会给后续制作提供画布中心点的位置的参考，如图 6-29 所示。

在“烟花炸开”的合成的时间轴图层空白处，用鼠标左键单击【新建】下的【形状图层】，新建一个“形状图层 1”，重命名为“矩形 1”。

用鼠标左键点击工具栏的【矩形工具】，在合成画布中绘制一个 100×100 的正方形，保持正方形处于选中状态，使用工具栏的【向后平移（锚点）工具】，将正方形的锚点放在其中心的位置（快捷键：按住 Ctrl 的同时使用【锚点工具】，可以将锚点吸附到四边和中心位置）。然后将正方形放在画布中心点的位置（锚点与画布的中心点重合），如图 6-30 所示。

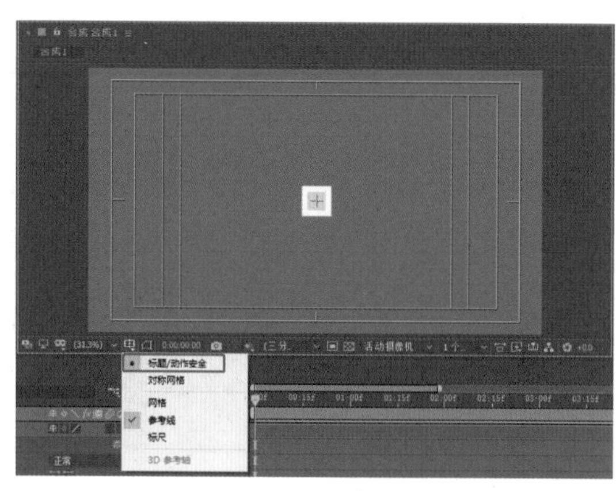

图 6-29

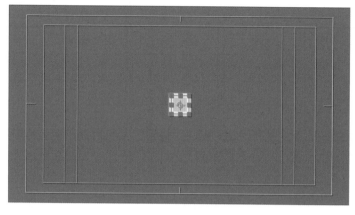

图 6-30

小贴士：使用工具栏的【矩形工具】创建的图形，虽然系统不能自动将其中心点设置在合成的中心点位置，但是可以直接赋予形状填充和描边颜色，而且它的内容属性相比【添加】创建的图形也不相同，【内容】属性组里多了“变化：XX”一项。

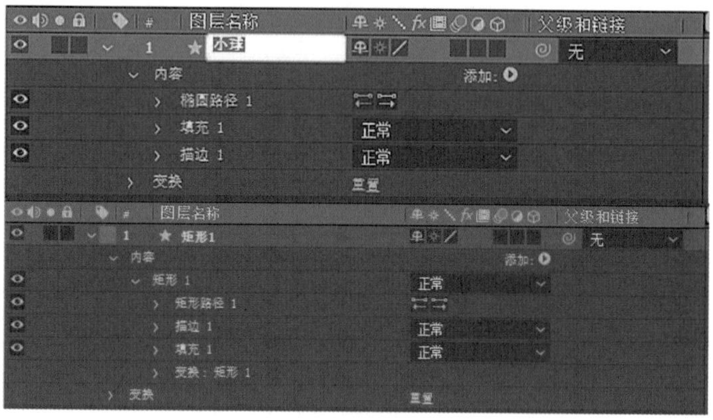

图 6-31

对比案例一“小球”的合成，请同学们仔细观察其中的区别。详细请参见图 6-31。

（2）制作基础动画。

展开“形状图层 1”的全部属性（快捷键：Ctrl+` 重音记号，可展开显示选定图层的所有属性）。把“当前时间指示器”移动到第 1 帧，将“形状图层 1”的内容组里的矩形路径【大小】参数、【描边宽度】参数，【变化：矩形 1】属性下的【位置】参数、【比例】参数、【旋转】参数的【时间变化秒表】 全部打开。然后再把“当前时间指示器”移动到第 25 帧（1 秒）的位置，继续添加关键帧（快捷键：Alt+Shift+ 单击属性名称，在当前时间添加或移除关键帧）。

然后给这四个属性制作第 1 帧和第 25 帧（1 秒）的关键帧动画。具体数值参考如下。

【矩形路径 1】的【大小】参数变化为：第 1 帧是（123.4，123.4），第 25 帧是（0.0，0.0））。

【描边 1】的【描边宽度】参数变化为：第 1 帧是 25，第 25 帧是 0。

【变换：矩形 1】属性下的【位置】参数变化为：第 1 帧是（0.0，-4.0），第 25 帧是（0.0，-531.0），即从图层中点垂直飞向顶层边缘的运动路径。

【变换：矩形 1】属性下的【比例】参数变化为：第 1 帧是（0.0，0.0%），第 25 帧是（100.0，100.0%）。

然后，选中所有关键帧，按 F9，再点击【图表编辑器】中的【编辑速度图表】，使矩形的运动更顺滑，如图 6-32 所示。

（3）制作中继器动画。

选中“矩形 1”图层的【内容】属性，然后点击其右侧的【添加】按钮，在弹出的菜单中选择【组（空）】。然后把“矩形 1”拖曳到“组 1”，然后再次选中“矩形 1”图层的【内容】属性，然后点击其右侧的【添加】按钮，在弹出的菜单中选择【中继器】。

展开【中继器 1】属性，设置属性参数，具体数值参考如下。

图 6-32

【副本】设置成“9”。

【变换: 中继器 1】下的【位置】属性改为（0.0，0.0），此时所有“矩形 1”的副本都重合在该位置了。

【变换: 中继器 1】下的【旋转】属性设置为“40°”，也就是 360°/9，这样已设置的 9 个副本均匀分布在圆周上，如图 6-33 所示。

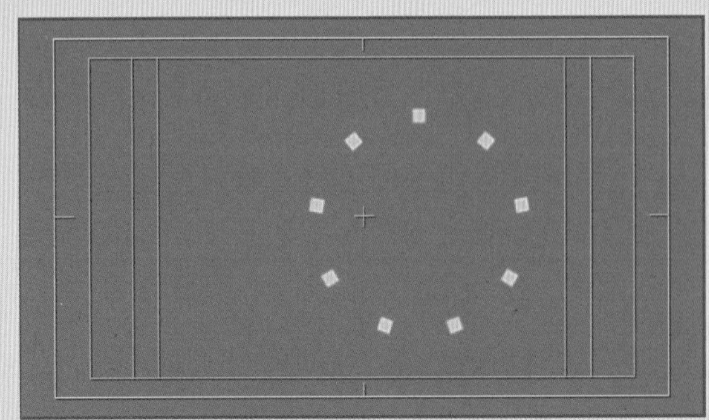

图 6-33

（4）制作烟花炸开效果。

选中“矩形 1”图层，复制一层“矩形 2”（快捷键: Ctrl+D，可以复制一个选中图层）。

用鼠标左键双击新复制的图层“矩形 2”的时间线，往后拖曳 3 帧，然后，继续展开【中继器 1】属性，设置属性参数，具体数值参考如下。

【副本】设置成“12”。

【变换: 中继器 1】下的【旋转】属性设置为“30°”，也就是 360°/12，这样已设置的 12 个副本均匀分布在圆周上。

接下来，继续选中“矩形 2”图层，复制一层“矩形 3”，将“矩形 3”的时间线往后拖曳 6 帧，如图 6-34 所示。

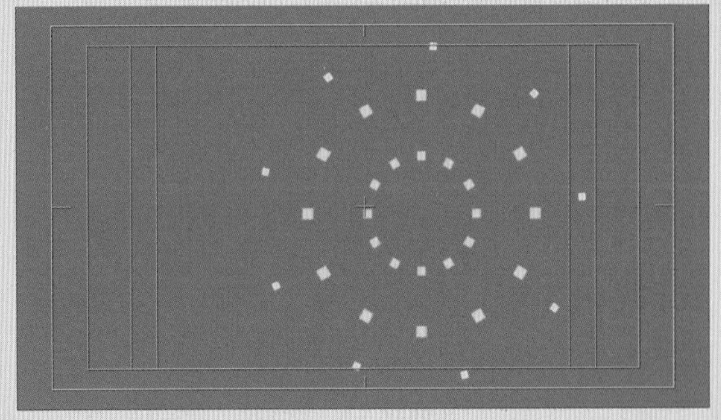

图 6-34

（5）制作一朵烟花。

在【项目】面板空白处，点击鼠标右键，找到【新建合成】选项，在【合成设置】的面板中，将合成名称命名为“烟花 1”，预设是: HDTV 1080 25，长度、宽度、像素长宽比、帧速率会自动设置完成。分辨率选择默认“完整”。持续时间 10 秒。背景选择深红色。点击【确定】，完成合成设置。

将“烟花炸开”合成拖到“烟花 1”的时间轴，打开图层的【变换】属性组，修改【位置】和【缩放】属性，将“烟花炸开”合成移动到画布上半部。

制作烟花上升动画，具体操作步骤如下。

使用工具栏中的【钢笔工具】，参考“烟花炸开”合成的中心点位置，绘制一条线，【描边宽度】参数设置为 5 像素。将新生成的“形状图层 1”重命名为“烟花上升”。

小贴士：在没有选中任何图层的情况下，使用工具栏的【矩形工具】、【钢笔工具】、【文本工具】等工具命令，在合成面板绘制图形和文字时，系统会自动在时间轴生成形状图层或者文本图层，如图 6-35 所示。

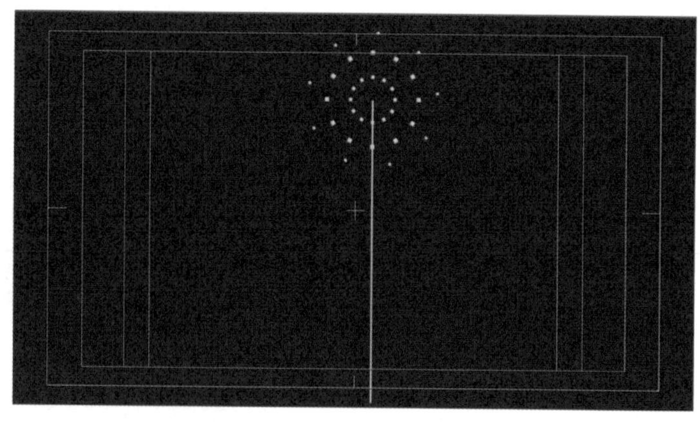

图 6-35

用鼠标左键点击展开“烟花上升”图层的属性组。点击【内容】属性组右侧【添加】右边的三角形图标，从弹出的选项中找到【修剪路径】。

打开【修剪路径】属性组，调整【结束】和【偏移】属性，添加时间线关键帧，制作烟花从地面发射升到空中的动画。具体操作如下。

【修剪路径 1】的【结束】参数变化为：第 0 帧是（0.0%），第 1 帧是（10.0%），第 3 帧是（20.0%），第 8 帧是（0.0%）。

【修剪路径 1】的【偏移】参数变化为：第 0 帧是（0x，+0.0°），第 1 帧是（0x，+288°），第 5 帧是（0x，+0.0°）。

最后，点击鼠标左键拖动“烟花炸开”合成的时间线，放在“烟花上升”关键帧动画后面，至此完成烟花从地面上升到半空，然后在空中炸开的动画。

（6）制作漫天烟花的效果。

只需做一朵烟花，就可以按照这个制作思路，制作出更多的烟花。

方法一：

按照上部分制作烟花的步骤，继续制作一朵烟花。

① 制作基础动画。

在【项目】面板空白处，点击鼠标右键，找到【新建合成】选项，在【合成设置】面板中，将合成名称命名为“烟花炸开 2”，预设是：HDTV 1080 25，长度、宽度、像素长宽比、帧速率会自动设置完成。分辨率选择默认“完整”。持续时间为 10 秒。背景选择深蓝色。点击【确定】按钮，完成合成设置。

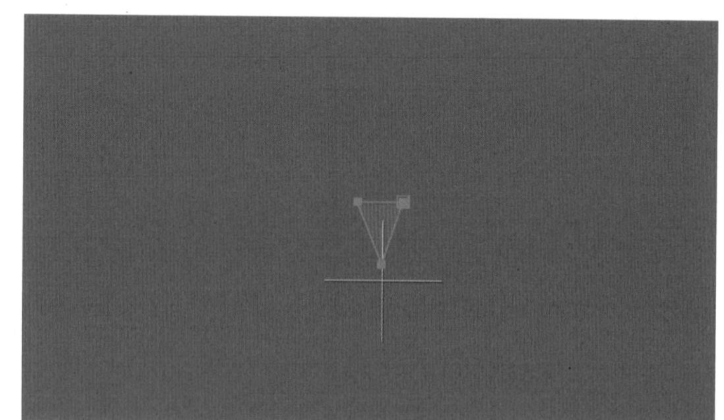

图 6-36

使用工具栏中的【钢笔工具】，参考画布中心点的位置，在合成面板用【钢笔工具】绘制一个三角形。在时间轴会自动生成这个三角形路径的“烟花炸开 01”，如图 6-36 所示。

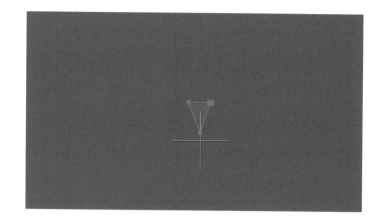

展开“烟花炸开 01”的全部属性（快捷键：Ctrl+` 重音记号，可以展开显示选定图层的所有属性）。把“当前时间指示器”移动到第 1 帧的位置，将“烟花炸开 01”的【内容】属性下【矩形 1】里的【路径】，【变换：形状 1】里的【位置】，【变换：形状 1】里的【不透明度】这几个属性参数的【时间变化秒表】全部打开。

然后给这三个属性制作关键帧动画。具体数值参考如下。

【路径 1】的【路径】形状调整在（第 1 帧，第 7 帧，第 10 帧，第 13 帧）。三角形是四个路径形状调整，如图 6-37 所示。

小贴士：需要先用鼠标左键点击【路径】属性，激活路径锚点，后使用【选取工具】调整形态。

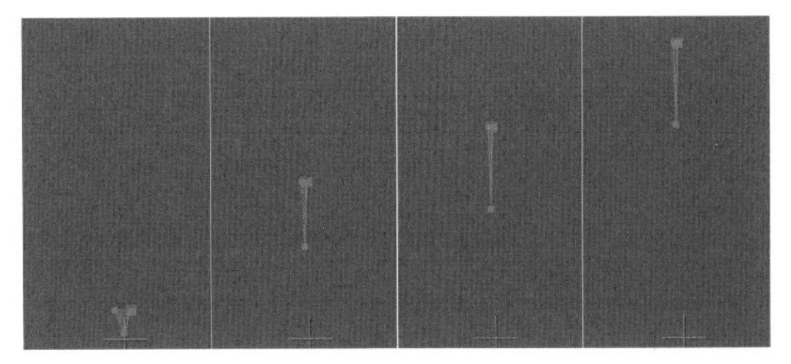

图 6-37

【变换：形状 1】的【位置】参数变化为：第 1 帧是（0.0，0.0），第 10 帧是（0.0，-190.0），第 13 帧是（0.0，-281.0），就是从图层中点垂直飞向顶层边缘的运动路径。

【变换：形状 1】的【不透明度】参数变化为：第 1 帧是（100%），第 10 帧是（100%），第 13 帧是（0%），就是从图层中点垂直飞向顶层边缘使透明底不断降低，最后消失。

然后，选中所有关键帧，按 F9，再点击【图表编辑器】中的【编辑速度图表】，使矩形的运动更顺滑。

小贴士：使用工具栏中的【钢笔工具】绘制的图形和使用【矩形工具】创建的图形一样，需要手动调整其中心点设置位置，可以直接赋予形状填充和描边颜色，但是【内容】属性中的【路径】属性有区别，【钢笔工具】绘制的图形可以直接对路径进行关键帧创建。

对比【矩形工具】创建的图形，请同学们仔细观察其中的区别，详见图 6-38。

② 制作中继器动画。

选中“烟花炸开 01”图层的【内容】属性，然后点击其右侧的【添加】按钮，在弹出的菜单中选择组（空）。然后把“形状 1”拖曳到“组 1”里，然后再次选中“形状 1”图层的【内容】属性，然后点击其右侧的【添加】按钮，在弹出的菜单中选择【中继器】。

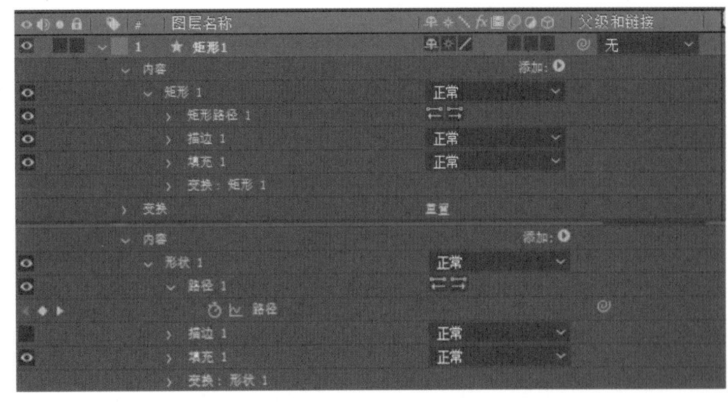

图 6-38

展开【中继器 1】属性，设置属性参数，具体数值参考如下。

【副本】设置成“10”。

【变换：中继器 1】下的【位置】属性改为（0.0，0.0），此时所有“形状 1”的副本都重合在该位置了。

【变换：中继器 1】下的【旋转】属性设置为“36° ”，也就是 360° /10，这样已设置的 10 个副本均匀分布在中心点圆周上。

③ 制作烟花炸开效果。

选中“烟花炸开 01”图层，复制一层“烟花炸开 02”（快捷键：Ctrl+D，可以复制一个选中图层）。用鼠标左键双击新复制的层“烟花炸开 02”的时间线，往后拖曳 2 帧，然后，继续展开【中继器 1】属性，设置属性参数，具体数值参考如下。

【副本】设置成“20”。

【变换：中继器 1】下的【旋转】属性设置为“18° ”，也就是 360° /20，这样已设置的 20 个副本均匀分布在圆周上。

这个时候，结合两个图层，调整两个图层的【变换】下的【旋转】属性的角度参数，“烟花炸开 01”【变换】下的【旋转】属性的角度为（0x，-2.0° ）和“烟花炸开 02”【变换】下的【旋转】属性的角度为（0x，+ 6.0° ），使两个图层的烟花花瓣能均匀分布。

接下来，继续选中“烟花炸开 02”图层，复制一层“烟花炸开 03”，将矩形 3 的时间线往后拖曳 2 帧，并将【变换】下的【缩放】属性的参数改为（60%，60%）。效果如图 6-39 所示。

图 6-39

④ 制作一朵烟花。

参考制作烟花上升的操作步骤，完成烟花从地面上升到半空，在空中炸开的动画。

方法二：

首先，选择“烟花上升”图层，单击鼠标右键，在弹出的菜单中找到【预合成】选项，将“烟花上升”图层转换成新合成，名称为“烟花上升”。

在【项目】面板点击选择“烟花炸开 2”合成，复制并粘贴，在【项目】面板形成新的合成“烟花炸开 3”。

将“烟花炸开 3”合成拖动到“烟花 1”项目的时间轴中，双击鼠标左键打开，修改合成每一个形状图层中填充颜色为橙色，制作一朵橙色的烟花。

在【项目】面板点击选择“烟花上升”合成，复制并粘贴，在【项目】面板形成新的合成“烟花上升 2”。

将“烟花上升 2”合成拖动到“烟花 1”项目的时间轴中，双击鼠标左键打开，修改合成形状图层中填充颜色为橙色，制作一朵橙色烟花的上升效果。

最后，根据“烟花炸开 3”合成的图形中心位置，调整“烟花上升 2”的位置和时间线，直至完成橙色烟花从地面上升到半空，然后在空中炸开的动画。

小贴士：如果是近似的形状动画，可以制作一个合成或形状图层作为母本，复制后，二次修改制作出不同颜色或类似形状的动画，可以提高制作速度。但是，需要注意的是，必须在【项目】面板中复制粘贴，形成新的合成后，再拖入时间轴进行修改编辑，而不能直接在时间轴复制合成（在时间轴复制的新合成，直接修改里面的参数，被复制的合成参数也会一起修改）。

在“烟花 1”项目中，调整三朵烟花的时间线，使三朵烟花在不同的时间升空，然后炸开，从而得到更加真实的动画效果。

（7）渲染输出动画。

确认无误后，点击【编辑】菜单下的【添加到渲染队列】，会弹出【渲染队列】面板，选择“QuickTime”格式，渲染快，最后选择视频输出到的电脑地址即可。

至此，我们使用几种方法，制作了烟花的效果，如图 6-40 所示。案例只是起到抛砖引玉的作用，同学们可以使用这种思路，制作出更多的烟花效果。

图 6-40

三、学习任务小结

通过本次课的学习，同学们已经初步了解了点类型动画的制作方法，对 MG 动画制作基础知识有一定的认识。同学们课后需要复习本次课所学知识点，做学习总结笔记。同时，查阅国内外优秀的动态图形作品案例，并根据自己所学知识，对案例进行分析和临摹。通过多看拓宽眼界，通过多思提高专业知识技能，通过多练全面提升自己的动画制作能力。

四、课后作业

（1）完成本次课的总结笔记。

（2）完成本次课的课后测试。

（3）收集和整理 5 个国内外优秀的动态图形作品，并选择其中两个进行动画临摹。

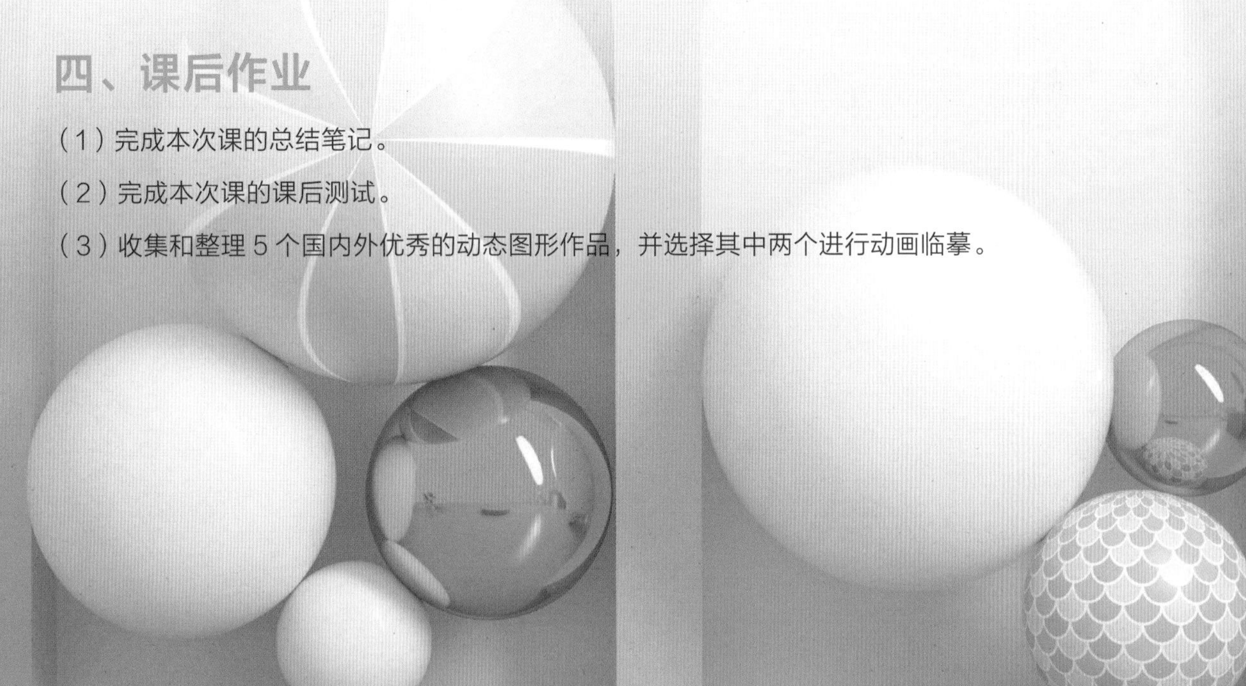

学习任务三 字符动画设计

教学目标

（1）专业能力：能使用文本图层、工具栏文字工具等多种方法创建文字。掌握路径动画、修剪路径、字符生长动画、网格变形等的软件操作技巧。能根据案例实训完成文字路径动画和字符生长动画制作，并举一反三，完成路径动画和生长动画等类型的拓展动画制作。

（2）社会能力：了解 MG 动画中字符类型动画的制作思路，以及不同类型字符动画的制作技巧；能根据制作字符动画的需求和最终作品效果，分析并选择合适的软件工具并完成制作。能使用快捷键，加快图形绘制速度和动画制作速度。

（3）方法能力：能课前主动预习，课堂上认真倾听，多做笔记；实训中多问、多思考、勤动手；课堂上主动承担小组活动，相互帮助；课后在专业技能上主动进行拓展实践。

学习目标

（1）知识目标：掌握 AE 软件中文字创建的多种方法，了解 MG 动画中字符类型动画的制作思路。

（2）技能目标：掌握路径动画、修剪路径、字符生长动画、网格变形等的软件操作技巧，能制作文字路径动画和字符生长动画。

（3）素质目标：能够用动画理论知识，把握好动画时间节奏，制作真实的动画效果，培养自己的动画制作能力。

教学建议

1. 教师活动

（1）课前利用慕课、在线微课等多种途径，引导学生完成理论知识学习。

（2）在课堂上教师通过讲授、案例展示、上机操作演示结合课堂提问和案例分析，通过软件操作技巧讲解和实战设计案例的分析与讲解，启发和引导学生的设计思维，培养学生对本课程的学习兴趣，锻炼学生的自我学习能力。

2. 学生活动

（1）课前根据教师引导，学生利用慕课、在线微课等多种途径完成理论知识学习。

（2）学生在课堂倾听老师的讲解，观看教师软件操作演示，小组讨论软件操作技巧并独立完成案例制作，掌握动画制作方法和软件操作方法。

（3）课后能回顾课程知识技能点，并展开拓展，举一反三，思考点类型动画效果的多种制作方法。

一、学习问题导入

MG 动画中，字符动画是基础动画之一，在 MG 动画片头中被广泛使用。字符动画可以分为几大类型：第一种是文本的变形动画，例如放大、缩小，不透明度的变化，以及沿着特定轨迹进行的运动动画；第二种是利用文本的字形，进行编辑，制作文本字形的动画效果；最后一种是将文本看作线和面的图形，加入设计者的创意，从而制作出千变万化的动画效果。

本次学习任务主要通过字符沿路径运动的动画和字符描边路径动画两个项目案例，学习 MG 动画中线类型和面类型动画的制作，以及制作此类动画的软件操作技巧。每个案例，通过案例制作步骤，从制作思路、动画运动理论知识、After Effects 软件操作技巧、动画制作步骤这几个方面，着重讲解图形绘制方法、制作动画的软件操作技巧、软件快捷键使用、动画运动规律等理论和技能，用任务驱动法和项目案例法，充分发挥学生自主学习的主动性，由易到难，由简单到复杂，螺旋上升式展开学习。

二、学习任务讲解和技能实训

1. 案例一：字符路径运动动画

制作思路：首先新建文本图层，输入文字，调整到合适状态；然后选中文本图层，使用【钢笔工具】，在合成面板画一根路径线；接着将文本中的路径属性关联到绘制好的路径线，再对首字边距创建关键帧，进行位置调整，最终完成文本沿着路径运动的动画。

软件操作使用到的快捷键如下。

切换选定图层的展开状态（展开可显示所有属性）：Ctrl+`（重音记号）。

仅显示【不透明度】属性（对于光、强度）：T 键。

仅显示【位置】属性：P 键。

仅显示【旋转】和【方向】属性：R 键。

仅显示【缩放】属性：S 键。

显示带关键帧的属性：U 键。

重命名图层名称 ：左键点击想要重命名的图层，再按回车键。

前进 10 个帧：Shift+Page Down 或 Ctrl+Shift+ 向右箭头。

复制关键帧：Ctrl+C。

粘贴关键帧：Ctrl+V。

对属性选择所有关键帧：单击属性名称。

动画制作步骤如下。

（1）制作文本。

打开 After Effects CC 2019，新建一个项目文件，然后新建合成，将合成名称命名为“字符路径动画”，预设是：HDTV 1080 25，长度、宽度、像素长宽比、帧速率会自动设置完成。分辨率选择默认“完整”。因为小球弹跳动画的持续时间很短，需要循环播放，所以修改持续时间为 10 秒。背景选择白色。点击【确定】按钮，完成合成设置。

制作文本有如下两种方法。

方法一：在“字符路径动画”的合成的时间轴图层空白处，用鼠标左键单击【新建】下的【文本】新建一个文本图层。在【合成】面板的中心点位置会自动出现输入法的光标，输入“MG 动画”，再在【字符】面板中调整字符属性即可。具体如图 6-41 ~ 图 6-43 所示。

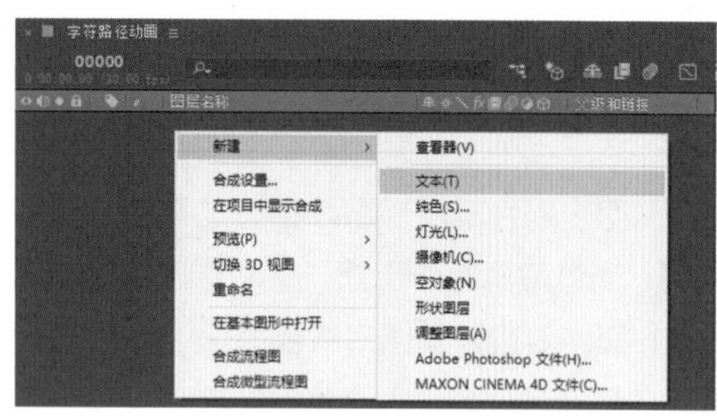

图 6-41

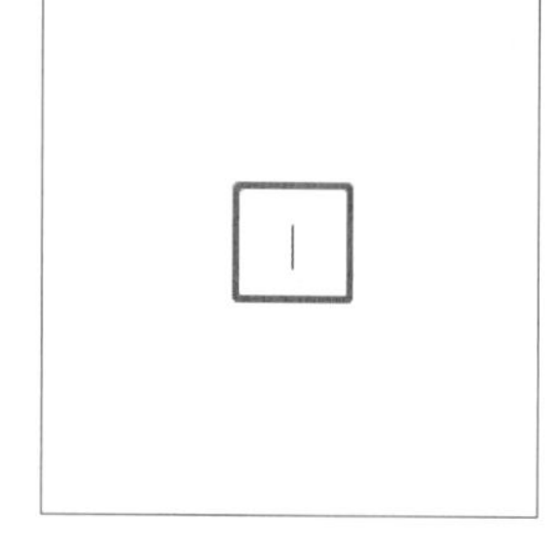

图 6-42

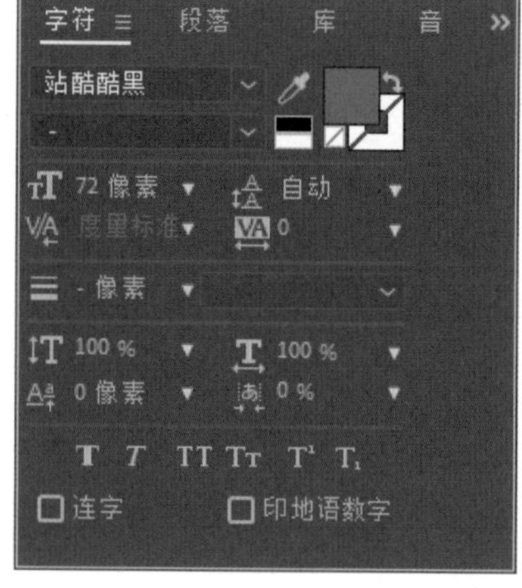

图 6-43

小贴士：点击【新建】下的【文本】新建的文本图层，系统会自动将输入光标设置在合成的中心点位置，配合【字符】面板可以完成文本的制作。

方法二：在工具栏中找到【文字工具】，用鼠标左键在【合成】面板的画布中选定位置点击，形成光标后输入“MG 动画”，再在【字符】面板中调整字符属性即可。这时可以看到，时间轴图层会自动生成一个以输入文字命名的文本图层，如图 6-44 所示。

小贴士：使用工具栏中的【文字工具】输入文字，可以在画布的任何位置输入，它的锚点不一定会在画布中心点的位置，而且可以自动生成文本图层。

（2）制作蒙版路径。

使“MG 动画”文字图层处于选中状态，选择工具栏中的【钢笔工具】，按照设计需求，在【合成】面板的画布中，绘制一条钢笔路径。这时，“MG 动画”文字图层自动出现了【蒙版】属性组，如图 6-45 所示。

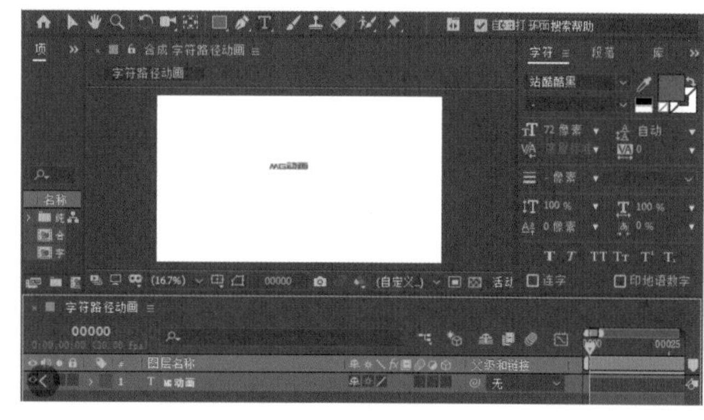

图 6-44

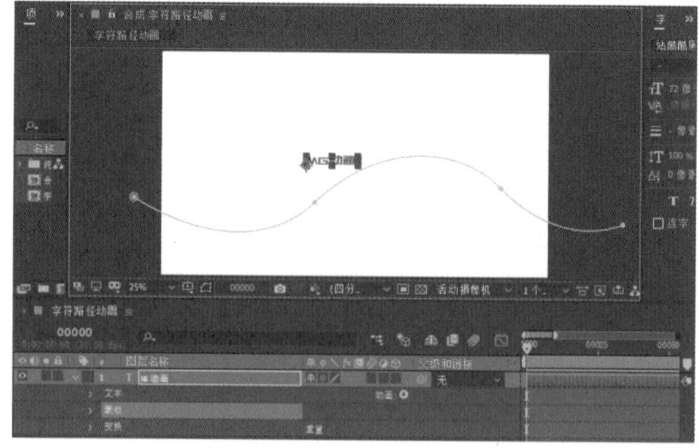

图 6-45

（3）制作路径跟随动画。

第一步：打开“MG 动画”文字图层的【文本】属性组的【路径选项】中的【路径】，在【路径】选项后面的选框中，点击右侧的三角符号，在下拉菜单中选择“蒙版 1”。可以看到，“MG 动画”文字自动贴合在路径上了，如图 6-46 所示。

小贴士：“MG 动画”文字图层的【文本】属性组的【路径选项】属性出现了【反转路径】、【垂直于路径】、【强制对齐】、【首字边距】、【末字边距】这些选项，打开或者调整数值会产生不同的变化，如图 6-47 所示。

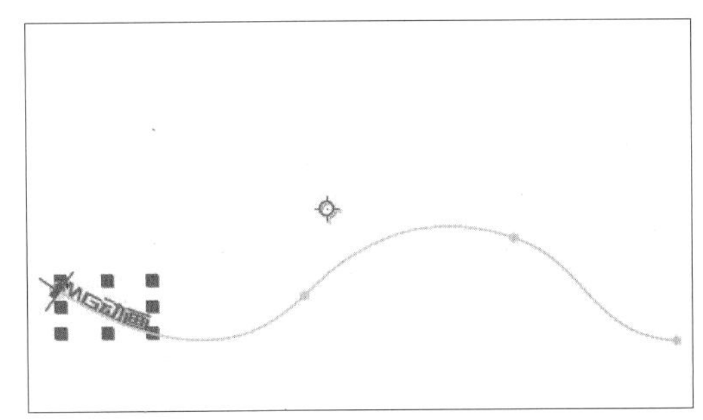

图 6-46

①【反转路径】：可以调整文字在路径上方或者下方。

②【垂直于路径】：每一个文字都垂直于路径。

③【强制对齐】：将文字平均分散到整个路径。

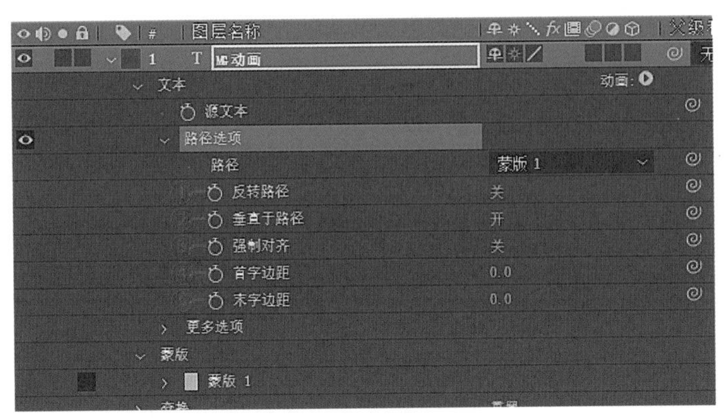

图 6-47

④【首字边距】：当【强制对齐】选项打开时，可以根据首个文字调整分散到整个路径的位置。当【强制对齐】选项关闭时，调整数值，可以设置文字在路径上左右的位置，主要用来制作路径跟随动画。

⑤【末字边距】：当【强制对齐】选项打开时，可根据末尾个文字调整分散到整个路径的位置。

第二步：找到【首字边距】属性，在【强制对齐】选项关闭的状态下，将“当前时间指示器”移动到时间轴第 1 帧的位置创建关键帧，调整数值，直至“MG 动画”文字移出左边的画布。

第三步：将“当前时间指示器”移动到时间轴第 1 帧的位置创建关键帧，调整数值，直至“MG 动画”文字移出右边的画布。

至此，字符的路径跟随动画就制作完成了。点击鼠标左键选中所有关键帧，按 F9，将线性关键帧改为缓动关键帧 ，然后，按空格键预览动画效果。

（4）制作循环动画。

在 MG 动画中，有的动画需要多次播放。在这种情况下，除了复制更多的关键帧实现动画效果之外，还可以以表达式的方法来实现循环播放。具体操作如下。

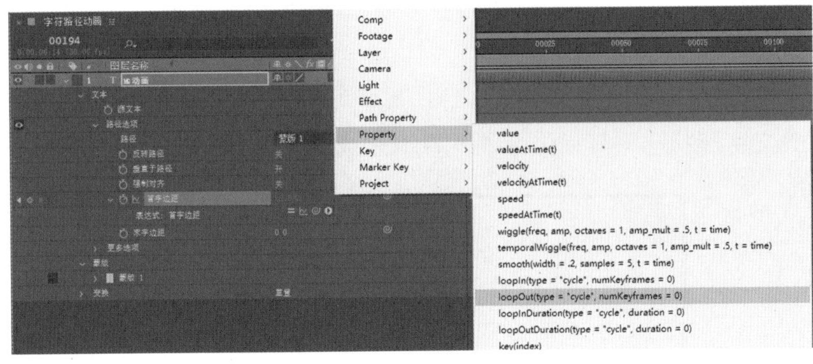

图 6-48

按住 Alt 键，同时点击【首字边距】属性选项前面的秒表 图标，打开【首字边距】的表达式选项，点击右端的三角符号，点击选择“Property”中的“loopOut(type = "cycle", numKeyframes = 0)”，如图 6-48 所示。这样就添加了循环播放效果，这个动画可以在合成设置的时间内一直播放。

（5）渲染输出。

确认无误后，点击【编辑】菜单下的【添加到渲染队列】，会弹出【渲染队列】面板，选择“QuickTime”格式，渲染快，最后选择视频输出到的电脑地址即可。

2. 实训案例二：字符生长动画

制作思路：首先新建文本图层，将文本用【钢笔工具】重新勾勒，分解成几何形；然后调整钢笔路径，制作字符生长动画；接着使用【修剪路径】，为“M”字符制作文字描边显现的动画效果；制作“G”字符从右入画的位移动画，并使用【修剪路径】添加“G”动画笔画效果；使用【网格变形】调整“M”字符，使“G”字符位移动画更有画面感；添加爱心形状突然出现的动画；最后制作炸开、线条出现等辅助元素。动画制作步骤如下。

（1）绘制基础图形。

打开 After Effects CC 2019，新建一个项目文件，然后新建合成，将合成名称命名为“字符生长动画”，预设是：HDTV 1080 25，长度、宽度、像素长宽比、帧速率会自动设置完成。分辨率选择默认“完整”。持续时间为 5 秒。背景选择白色。点击【确定】按钮，完成合成设置。

在工具栏中找到【文字工具】T，用鼠标左键在合成面板的画布中选定位置点击，形成光标后输入“MG”，再在【字符】面板中选择“Bourbon Grotesque”英文字体，调整字符字号、间距等属性，使用【对齐】面板，将“MG”水平、垂直对齐到合成即可。文本图层不能直接编辑形状，需要选中文本图层，用鼠标右键点击【创建】下的【从文字创建形状】，手动将文本图层转换成“形状图层”，如图 6-49 和图 6-50 所示。

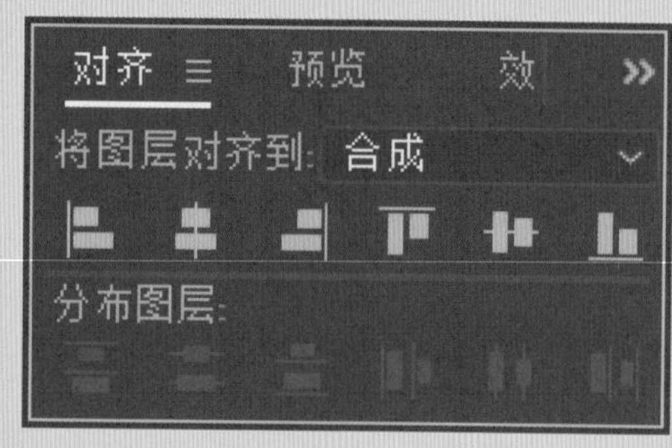

图 6-49

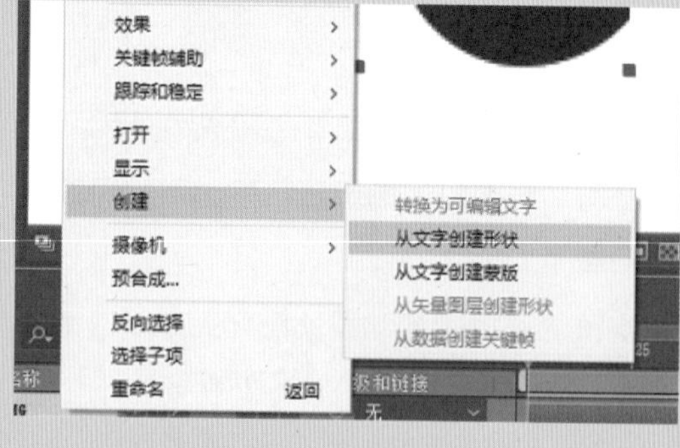

图 6-50

（2）拆分字符。

首先，把“MG”拆分成“M”图层和“G”图层。注意不要改变“M”和“G”原来的位置。

① 拆分“M”。

先复制四个图层，并依此将这五个图层重命名为“M1”“M2”“M3”“M4”“M5”，具体操作如下。

在“M1”图层，选中【合成】面板的文字形状，将其描边取消，将填充颜色改为 #FDE74C，宽度修改成 1 像素，然后打开【内容】属性组，点击“M”的【路径】属性，在【合成】面板中把“M”右边的锚点删除，只留下左边的竖长方形。然后以此类推将“M2”填充颜色改为 #C6EA01，“M3”填充颜色改为 #01E7EA，“M4”填充颜色改为 #FA7921，并将字形路径修改。具体如图 6-51 所示。

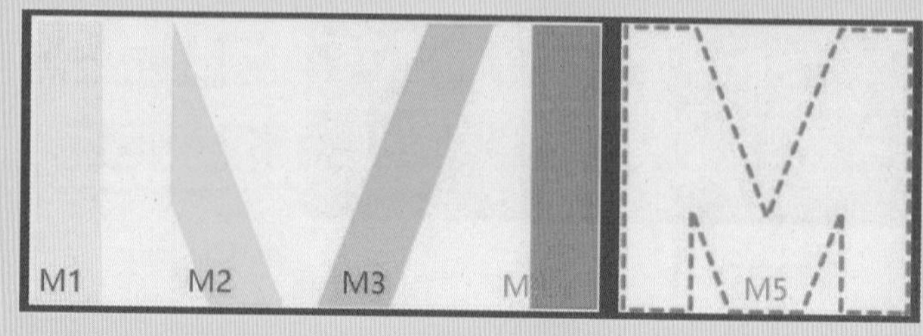

图 6-51

最后，在“M5”图层，选中【合成】面板的文字形状，将其填充取消，将描边颜色改为 #B37A00。至此，“M”文字的拆分就制作完成了。

② 拆分“G”。

参考“G”的字形，使用【椭圆工具】，勾选【贝塞尔曲线】，按住 Shift 键绘制一个正圆路径，将其填充取消，将描边颜色改为 #FFF958，重命名“G1”。给图层添加修剪路径，并调整【开始】、【结束】、【偏移】三个属性，将“G”字形的圆形效果制作出来。

然后，根据“G”的字形，分别制作以下的部分，并将图层重命名“G2”和“G3”。“G2”图层填充颜色改为 #5BC0EB，“G3”图层填充颜色改为 #E55934A，。具体如图 6-52 所示。

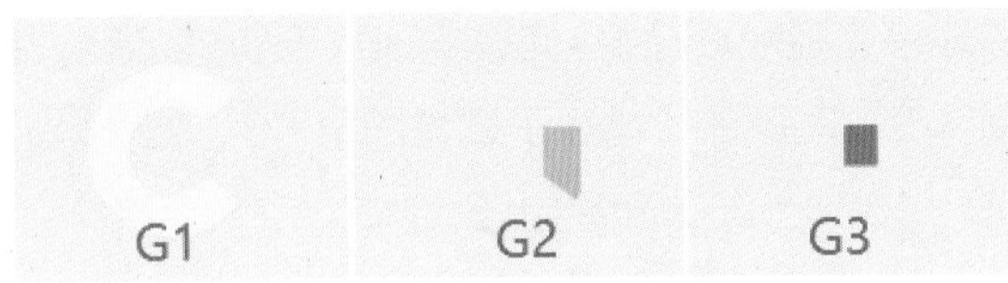

图 6-52

（3）制作 M 字符生长动画。

首先将“当前时间指示器”放在第 1 帧的位置，将“M1”“M2”“M3”“M4”图层的【路径】属性都打上关键帧，在第 6 帧位置，再打上关键帧。

回到第 1 帧的位置，将“M1”上端的路径下移，与底部的路径重合，实现从下到上出现的动画效果。将“M2”下端的路径上移与上部的路径重合，实现从上到下出现的动画效果。将“M3”上端的路径下移与底部的路径重合，实现从下到上出现的动画效果。将“M4”下端的路径上移与上部的路径重合，实现从上到下出现的动画效果。

接着给“M5”添加修剪路径，调整【开始】、【偏移】属性，为“M”字符制作文字描边虚线从右下角显现的动画效果，如图 6-53 所示。

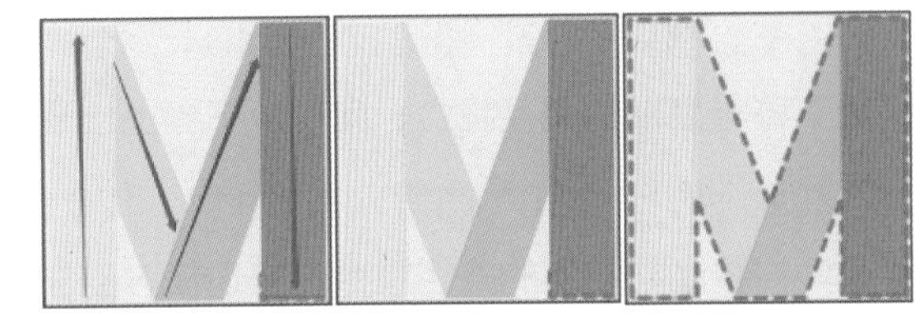
图 6-53

然后，依次将“M2”“M3”“M4”“M5”图层往时间轴右边移动，如图 6-54 所示。再根据动画播放的时长，对关键帧进行微调。最终实现“M”字生长动画效果。

（4）制作“G”字符动画。

第一步：制作“G1”字符入画的动画。

首先制作“G1”字符从画面外滚入画面的动画，具体操作是：将“当前时间指示器”放在第 71 帧的位置，把“G1”字符图层的【位置】、【旋转】属性都打上关键帧，在第 81 帧位置再打上关键帧。回到第 71 帧的位置，将“G1”字符移动到右侧画面外，实现从右到上出现的动画效果。

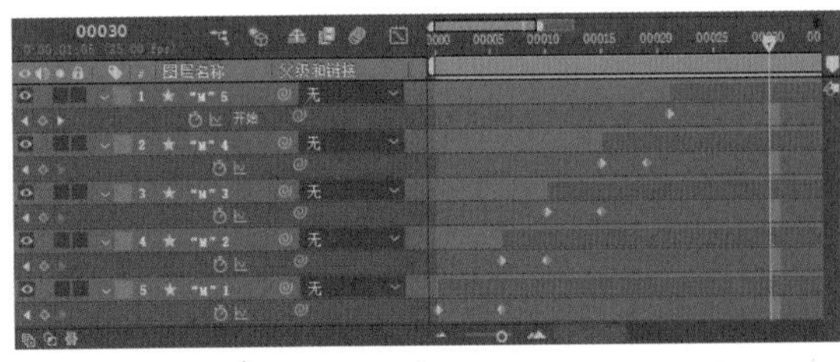
图 6-54

数据参考如下。

修改【位置】属性为第 71 帧（2674.8，549.6），第 81 帧（1207.0，549.6）。

修改【旋转】属性为第 71 帧（0x，+331.0°），第 81 帧（0x，-32.6°），如图 6-55 所示。

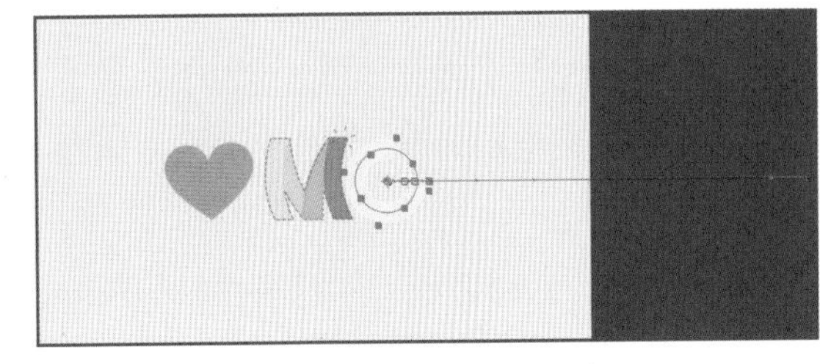
图 6-55

“G1”字符从画面右侧滚入画面、撞到“M”时，因为反作用力往右侧回弹，又因为惯性没有立刻停下，而是继续向左和向右摆动几个关键帧。具体操作是：在第 85、87、89 帧打上关键帧。数据参考如下。

修改【位置】属性为第 85 帧（1353.8，549.6），第 87 帧（1266.8，549.6），第 89 帧（1301.8，549.6）。

修改【旋转】属性为第 85 帧（0x，+15.0°），第 87 帧（0x，-10.0°），第 89 帧（0x，+0.0°）。

效果如图 6-56 所示。

图 6-56

第二步：给已经制作好的“G1”字符添加内部几何形状旋转动画效果。

首先复制两层“G1”字符，分别重命名为“G1 副本 1”“G1 副本 2”。通过修改它们的偏移路径和缩放值，使其实现从无到有，沿着“G1”字符笔画旋转的动画效果。具体操作是：把“G1 副本 1”“G1 副本 2”图层的【缩放】属性的第 89、93 帧都打上关键帧，把【开始】、【结束】、【偏移】属性的第 93、99、103、105 帧也打上关键帧。

数据参考如下。

修改【缩放】属性为第 89 帧（10.0，10.0%），第 93 帧（100.0，100.0%）。

修改【开始】属性为第 93 帧（70.8%），第 99 帧（77.0%），第 103 帧（77.0%），第 105 帧（77.0%）

修改【结束】属性为第 93 帧（80%），第 99 帧（84.0%），第 103 帧（86.0%），第 105 帧（77.0%）

修改【偏移】属性为第 93 帧（0x，+122.0%），第 99 帧（0x，+0.0%），第 103 帧（0x，-150.0%），第 105 帧（0x，-156.0%）。

完成关键帧属性修改后，把“G1 副本 2”图层整体向后拖动 5 个关键帧，使动画画面更有层次感。

第三步：制作剩余笔画的生长动画。

首先，选择“G2”图层，在第 104、114 帧的位置添加关键帧，回到第 104 帧的位置，将“G2”上端的路径下移与底部的路径重合，实现从下到上出现的动画效果。

然后，选择“G3”图层，在第 114、120 帧的位置添加关键帧，回到第 114 帧的位置，将“G3”左侧的路径向右移动与右侧的路径重合，实现从右到左出现的动画效果。效果如图 6-57 所示。

图 6-57

（5）制作“M”字符与“G1”字符的互动动画。

“G1”从画面右侧滚入画面，撞到“M”，这需要给“M”字符制作互动动画，具体操作如下。

首先全选“M1”“M2”“M3”“M4”“M5”图层，点击鼠标右键找到【预合成】，新合成名称为“M”。

然后点击【效果】菜单下的【扭曲】的【网格变形】给合成的“M”添加网格变形，调整属性如图 6-58 所示。

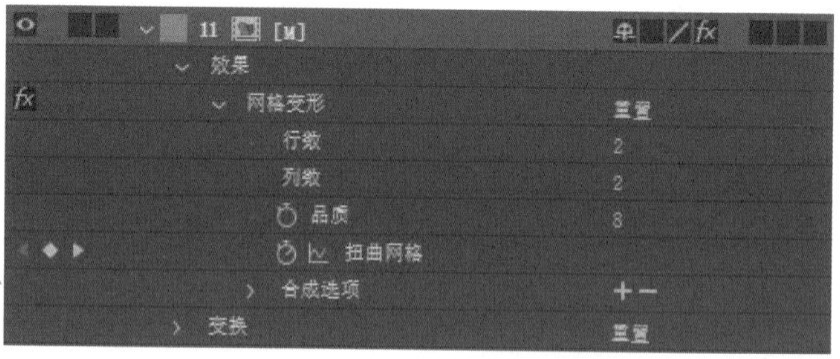

图 6-58

接着给【扭曲风格】属性的第 78、80、84、86、88 帧打上关键帧。之后在【合成】面板调整扭曲风格的锚点，调整修改参考如图 6-59 所示。

图 6-59

（6）制作爱心形状和中继器炸开等装饰动画。

① 爱心动画制作。

首先绘制爱心，先绘制两个正圆，再用【钢

笔】工具绘制一个三角形，将三个图形组合，再调整三角形的弧度，使其成为一颗爱心。调整好它们的位置和大小，摆放在“M”字符旁边。

然后制作爱心从透明到不透明，由小到大，从右向左出现的动画效果。

给爱心图层的【变换】属性组的【位置】、【缩放】、【不透明】的第 79、82 帧打上关键帧。给【旋转】的第 79、82、83、84 帧打上关键帧。数据参考如下。

修改【位置】属性为第 79 帧（1096.3，672.9），第 82 帧（577.8，672.9）。

修改【缩放】属性为第 79 帧（0.0，0.0%），第 82 帧根据上一步骤调整的大小比例不作修改。

修改【不透明】属性为第 79 帧（0%），第 82 帧（100%）。

修改【旋转】属性为第 79 帧（0x，+50.0° ），第 82 帧（0x，+19.0° ），第 83 帧（0x，+9.0° ），第 84 帧（0x，+0.0° ）。

效果如图 6-60 所示。

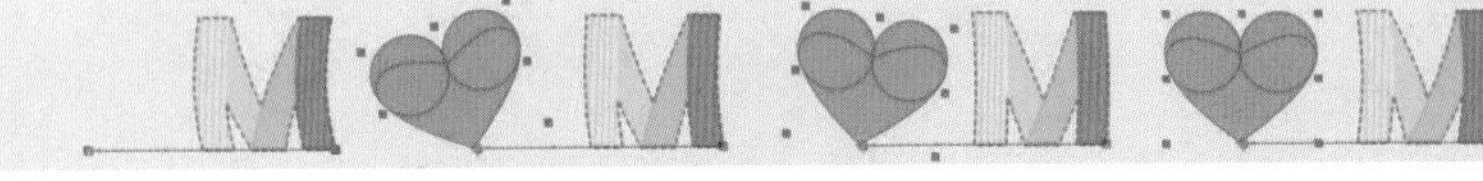

图 6-60

② 炸开动画制作。

使用中继器炸开的动画，把它放在“M”字符的右上角，动画开始的时间与“G”字符撞上“M”字符的开始时间同步。动画制作步骤参看“学习任务二：动态图形设计”的内容，这里不再重复说明。

③ 线条动画制作。

在爱心和“M”，“G”字符下方绘制一条水平直线，描边 20 像素，颜色为 #FA7921。为图层添加修剪路径，给【结束】属性的第 84、100 帧打上关键帧。然后将第 84 帧的数据修改成 0.0%，完成线条从左向右出现的动画效果。

至此，原地跑步动画就制作完成了。点击鼠标左键选中所有关键帧，按 F9，将线性关键帧改为缓动关键帧 ，然后，按空格键预览动画效果。

（7）渲染输出。

确认无误后，点击【编辑】菜单下的【添加到渲染队列】，会弹出【渲染队列】面板，选择“QuickTime”格式，渲染快，最后选择视频输出到的电脑地址即可。

三、学习任务小结

通过本次课的学习，同学们已经初步了解了线类型和面类型动画制作方法，对 MG 动画制作基础知识有一定的认识。同学们课后需要复习本次课所学知识点，做学习总结笔记，查阅国内外优秀的动态图形作品案例，并根据自己所学知识，对案例进行分析和临摹。通过多看拓宽眼界，通过多思考提高专业知识技能，通过多练全面提升自己的动画制作能力。

四、课后作业

（1）完成本次课的总结笔记。

（2）完成本次课的课后测试。

（3）收集和整理 5 个国内外优秀的动态图形作品，并选择其中两个进行动画临摹。

项目七
MG 动画制作

学习任务一　动态插画设计

学习任务二　角色动画设计

动态插画设计

教学目标

（1）专业能力：能使用椭圆工具、钢笔工具、径向擦除、修剪路径等多种方法创建形状图层的几何形状；能分别掌握 Motion 2 脚本制作生长动画、波纹变形、湍流置换、切开时间线等的操作技巧；能根据案例实训完成广州城市印象动态插画设计，并举一反三，完成弹性和中继器等类型的拓展动画制作。

（2）社会能力：能了解 MG 动画中动态插画的制作思路，以及不同类型动态插画的制作技巧；能根据制作动态插画的需求和最终作品效果，分析并选择合适的软件工具并完成制作；

能使用快捷键，加快图形绘制速度和动画制作速度。

（3）方法能力：能课前主动预习，课堂上认真倾听，多做笔记；实训中多问、多思考、勤动手；课堂上主动承担小组活动，相互帮助；课后在专业技能上主动进行拓展实践。

学习目标

（1）知识目标：掌握 AE 软件中几何形状创建的多种方法，以及生长动画的制作技巧，了解 MG 动画中动态插画的制作思路。

（2）技能目标：能够掌握 Motion 2 脚本、径向擦除、波纹变形、湍流置换等的软件操作技巧，能制作广州城市印象动态插画。

（3）素质目标：能够用动画理论知识，把握好动画时间节奏，制作真实的动画效果，培养自己的动画制作能力。

教学建议

1. 教师活动

（1）课前利用慕课、在线微课等多种途径，引导学生完成理论知识学习。

（2）在课堂上教师通过讲授、案例展示、上机操作演示结合课堂提问和案例分析，通过软件操作技巧讲解和实战设计案例的分析与讲解，启发和引导学生的设计思维，培养学生对本课程的学习兴趣，锻炼学生的自我学习能力。

2. 学生活动

（1）课前根据教师引导，学生利用慕课、在线微课等多种途径完成理论知识学习。

（2）学生在课堂倾听老师的讲解，观看教师软件操作演示，小组讨论软件操作技巧并独立完成案例制作，掌握动画制作方法和软件操作方法。

一、学习问题导入

动态插画是指将静态的插画图像通过电影般的镜头运动，以及后期制作转换成动态效果的插画。它是随着互联网的发展而产生的一种绘图技术，在电影、手游、吉祥物延展设计、广告等方面有着广泛的运用及传播。

本次学习任务主要通过一个完整的动态插画项目案例，学习 Motion 2 脚本和 MG 动画中“径向擦除”的转场效果和生长动画的制作，以及制作此类动画的软件操作技巧。通过案例制作步骤，从制作思路、动画运动理论知识、After Effects 软件操作技巧、动画制作步骤这几个方面，着重讲解图形绘制方法、制作动画的软件操作技巧、软件快捷键使用、动画运动规律等理论和技能。同时，用任务驱动法和项目案例法，充分发挥学生自主学习的主动性，由易到难，由简单到复杂，螺旋上升式展开学习。

二、学习任务讲解和技能实训

1.AE 脚本理论知识

After Effects 脚本（script），是使用特定的描述性语言，依据一定的格式编写的可执行文件。其调用软件已经有的东西，利用表达式控制，使工作更方便。它的文件后缀为 .jsx 或者 .jsxbin，需要手动添加到电脑的 After Effects 安装目录下的“Scripts”文件夹才生效。在脚本使用前要先勾选 After Effects【编辑】菜单下的【首选项】→【常规】，允许脚本写入文件和访问网络，这样才能正常使用。

本案例使用 After Effects 的 Motion 2 脚本进行制作。Motion 2 完整教程这里不作详细说明，仅仅通过本案例帮助同学们体验脚本使用技巧，如图 7-1 所示。

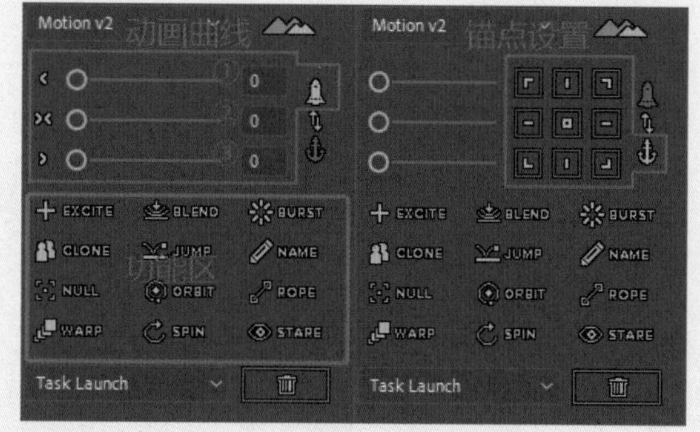

图 7-1

2. 动画曲线

选取头尾帧，滑动滑块选择参数，数值越大，效果越强。

动画曲线有四种状态：当三个滑杆全部不选时，动画是“匀速运动”；当选择①的滑杆时，可以实现动画的“缓入”效果；当选择②的滑杆时，可以实现动画的“缓入＋缓出”效果；当选择③的滑杆时，可以实现动画的“缓出”效果。

3. 锚点设置

可以一键设置锚点位置，相当于工具栏的锚点工具配合 Ctrl 键使用的效果。

4. 功能区

① EXCITE：选取头尾帧，点击 EXCITE，可以做出惯性回弹效果，效果控件参数可以调整回弹力道、次数等。

② BLEND：将选取帧的参数平均混合，让原先极端的帧数值变得较为缓和，参数可以控制平滑程度、混合程度等。

③ BURST：这种爆炸效果在 MG 动画中运用超级多，BURST 可以生成一个有超多控制选项的爆炸效果图层，距离、高度、颜色、描边、角度、随机距离等都可以分别控制 K 帧。

④ CLONE：通常同时选取两个以上图层的帧复制粘贴，会变成复制图层，而不是复制帧，而用 CLONE 的功能就可以同时复制很多帧。

⑤ JUMP：和第一个 EXCITE 有些不同，这个是撞上了一个东西回弹，可以做落地或者碰撞的动效。

⑥ NAME：可以批量处理多个图层的重命名。

⑦ NULL：创建一个新的空层，同时控制所选的所有图层。

⑧ ORBIT：可设定一个图层为中心点，其他图层以中心点为圆心环绕运动，可调整速率距离和方向等。

⑨ ROPE：选中两个图层连线，可调整粗细、颜色、点线效果。

⑩ WARP：物体移动时出现拖尾效果，可以调整长度、宽度等。

⑪ SPIN：让物体以自己锚点旋转，可以调整速率、方向。

⑫ STARE：设定让一个图层始终对着另一个图层，可以自定义角度。

5. 实训案例：广州城市印象动态插画设计（见图 7-2）

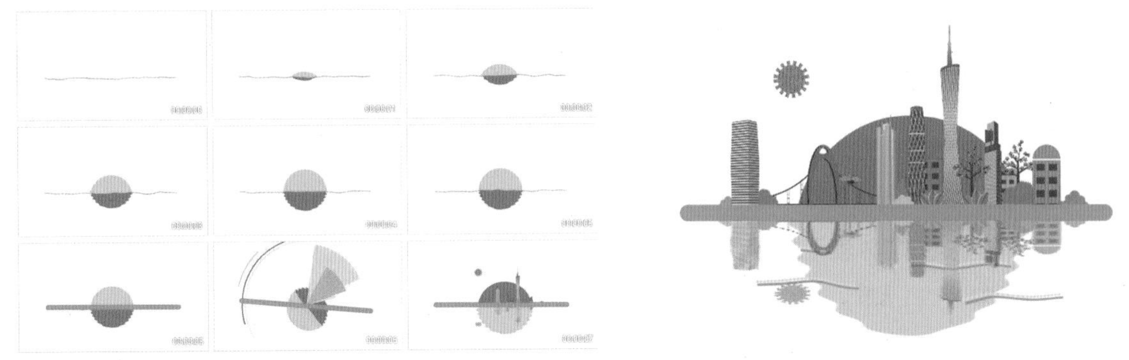

图 7-2

案例介绍：这幅作品分三个部分。第一部分是太阳从水面升起的动画，第二部分是转场动画，第三部分是城市建筑生长动画。

动画制作步骤：打开 After Effects CC 2019。执行【文件】→【保存】，保存文件名为“广州城市印象动态插画”，点击【确定】按钮。执行【文件】→【导入】→【文件】命令，在打开的窗口中找到“广州城市印象”的 PSD 文件，点击【导入】按钮。在弹出的面板中，导入种类：合成；图层选项：合并图层样式到素材。点击【确定】按钮后，PSD 文件会以合成的形式出现在【项目】面板。

（1）制作日出动画。

第一步：绘制日出动画元素。

在【项目】面板新建合成，并合成名称命名为“动态插画”，预设是：HDTV 1080 25，持续时间为 5 秒。背景选择白色。点击【确定】按钮，完成合成设置。双击鼠标左键，打开“日出插画”，进行下一步制作。

绘制海平面：绘制一根线条，放在画面的中间，重命名为“海平面”。描边颜色为 #2002D7 深蓝色。修改线段端点为圆头锚点。

绘制太阳：继续在画面中间位置绘制一个圆形，设置它无描边，填充颜色为 #FF7E00 橙色，重命名为“太阳”。使用 Motion 2 脚本的锚点工具将中心点放在中心位置。继续在海平面的下方绘制一个长方形，重命名为“太阳遮罩”，无描边，填充颜色为 #2002D7 深蓝色。执行“Alpha 反转遮罩形状图层 1”，把海平面下方的太阳遮罩起来，保留海平面上方的太阳，如图 7-3 所示。

绘制太阳水面倒影：按住 Ctrl+D 复制太阳，重命名为“太阳倒影”。复制长方形图层，重命名为“太阳倒影遮罩”，使用【吸管工具】，将太阳的颜色吸取为 #2002D7 深蓝色。执行“Alpha 遮罩形状图层 2”，把海平面上方的太阳遮罩起来，这样海平面上的太阳的倒影就做好了，如图 7-4 所示。

绘制水纹：使用钢笔工具，绘制几条长短不一的水平线段，描边颜色为 #2002D7 深蓝色。放在太阳水面倒影位置上，注意要错落有致，如图 7-5 所示。

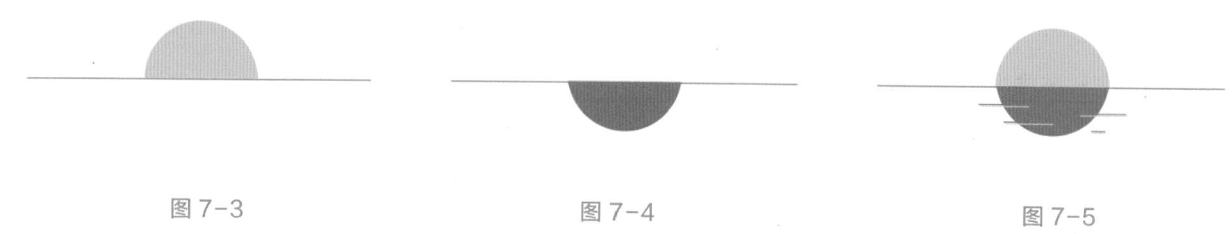

图 7-3　　图 7-4　　图 7-5

第二步：制作动画。

制作太阳升起的动画：选中“太阳”图层，点击快捷键 P 键，打开图层的【位置】属性，先在时间线第 25 帧和第 100 帧的位置打上关键帧，然后把“当前时间指示器”放在第 25 帧的位置，将太阳移动到海平面下方，这样就完成了太阳从下向上升起的动画效果。按照这个制作思路制作太阳升起的倒影，选中“太阳倒影”图层，点击快捷键 P，打开图层的【位置】属性，在时间线第 25 帧和第 100 帧的位置打上关键帧，然后在第 25 帧位置的关键帧将太阳倒影移动到海平面上方。因为水平倒影的透视效果，在第 100 帧的位置将太阳倒影向上移动一些。预览观察动画，当太阳从下向上升起时，海面也生成了太阳倒影的动画效果。

制作倒影波纹效果：执行【效果】→【扭曲】→【波纹变形】命令，给倒影添加“波纹变形”特效，在【效果控件】面板调整波形方向、宽度、高度等参数。

复制一层波形变形添加细节，如图 7-6 所示。

制作海平面线条动画：执行【效果】→【扭曲】→【湍流置换】命令，给海平面线条添加“湍流置换”特效。在【效果控件】面板，调整数量、大小、偏移、复杂度、演化等参数。然后把海平面线条图层的【效果】属性组复制给太阳的遮罩图层和水纹图层，使其都实现“湍流置换”特效动画，如图 7-7 所示。

制作水纹投影：执行【图层】→【图层样式】→【投影】命令，给水纹添加投影，在【图层样式】属性组调整【投影】属性的混合模式、颜色、不透明度、角度、距离、大小等参数。然后把水纹图层的【图层样式】属性组复制给其他水纹图层，使其都实现水纹投影动画，如图 7-8 所示。

全选日出动画的全部图层，执行【图层】→【预合成】命令，在弹出的面板中命名新合成名称为“日出动画”，勾选【将所有属性移动到新合成】。至此，日出动画就制作完成了。

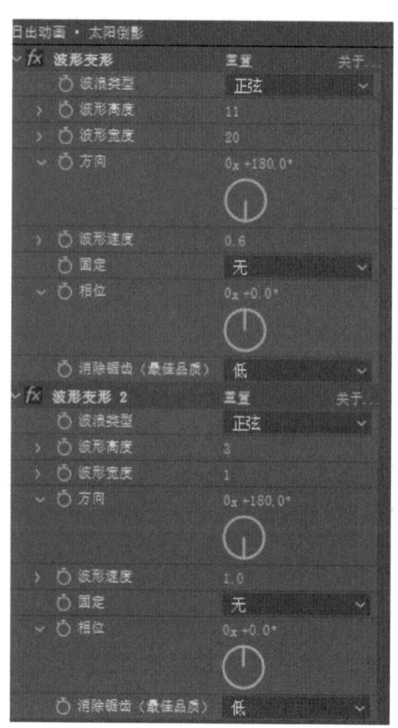

图 7-6

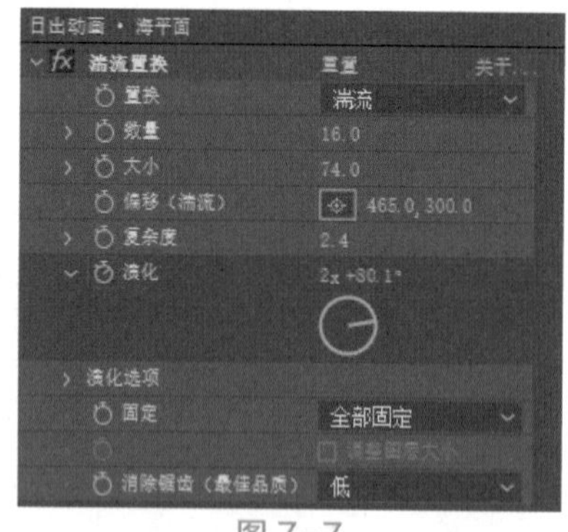

图 7-7

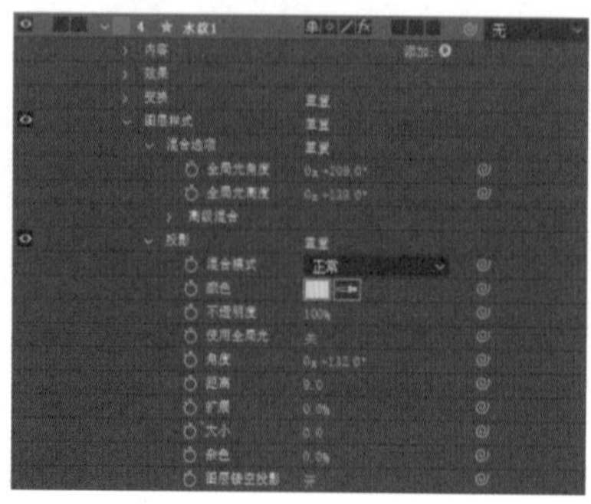

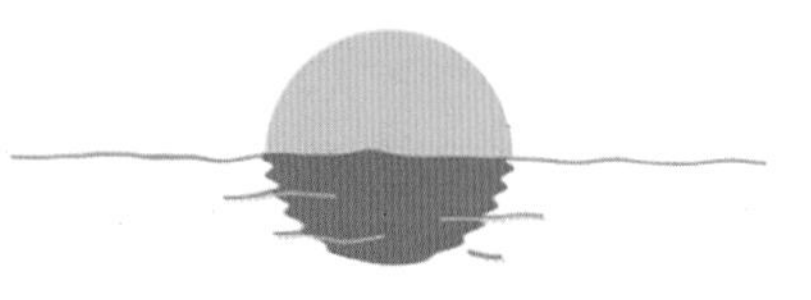

图 7-8

（2）制作转场动画。

第一步：绘制转场动画。

首先用钢笔工具在海平面的位置绘制一根线条，重命名为“转场”。无填充，描边 2 像素，颜色为 #1F06D6。修改线段端点为圆头锚点。将中心点放在线条的居中位置。

为“转场”图层制作颜色由蓝色变成青色，描边宽度由细变粗的动画。具体操作是：给【内容】属性组的【描边】属性的“颜色”和“描边宽度”的第 140 帧、第 150 帧都打上关键帧。修改【颜色】属性参数为：第 140 帧是 #1F06D6，第 150 帧是 #00A19C。【描边宽度】属性参数为：第 140 帧是 2 像素，第 150 帧是 50 像素。

为“转场”图层制作逆时针旋转动画。点击快捷键 R 键打开图层的【旋转】属性，先在时间线第 150 帧和第 175 帧的位置打上关键帧，修改属性参数为：第 150 帧是（0x，-180°），第 175 帧是（1x，0°）。点击快捷键 T 键打开图层的【不透明】属性，先在时间线第 139 帧和第 150 帧的位置打上关键帧，修改属性参数为：第 139 帧是 0%，第 175 帧是 100%，效果如图 7-9 所示。

第二步：绘制日出旋转动画。

制作日出动画跟随转场也旋转 180°的动画效果。首先参考转场动画的关键帧位置，在“日出动画”合成的第 153 帧的位置切开时间线（快捷键：Ctrl+ Shift+D，可以拆分选定图层），在时间轴自动生成了新的“日出动画”合成。

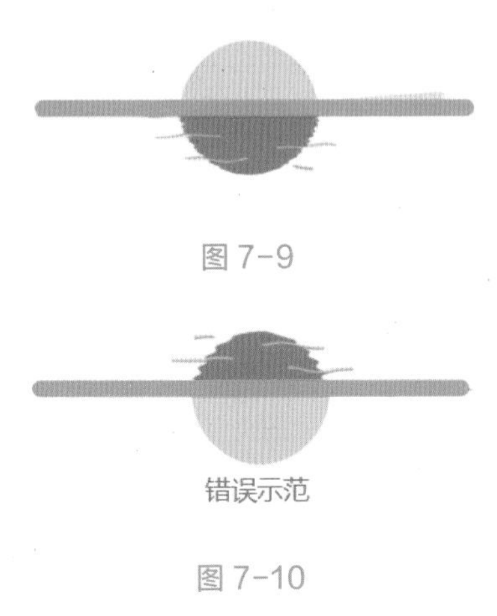
图 7-9

错误示范

图 7-10

小贴士：这里有一个重要的环节需要注意，理论上，制作旋转动画只需要把自动生成的“日出动画”合成在第 153 帧后面旋转 180°就可以了，但是因为制作了水纹效果，如果直接旋转，水纹也会旋转，如图 7-10 所示，所以需要对“日出动画”合成进行修改。

解决办法如下。

在【项目】面板找到“日出动画”合成，使用快捷键 Ctrl+D 复制一个新的合成“日出动画 2”。

把“日出动画 2”拖动到时间轴，与“日出动画”合成位置相同。

小贴士：如果直接在时间轴复制“日出动画”合成，再对复制的合成进行内部编辑时，原始合成也会改变，而在【项目】面板内复制合成，对复制的合成进行内部编辑时，原始合成不会改变。

双击鼠标左键进入“日出动画 2”合成，针对图层进行调整，具体操作如下。

选择“太阳”和“太阳倒影”图层，在第 25 帧的位置切开时间线（快捷键：Ctrl+ Shift+D，可以拆分选定图层），在时间轴自动生成了新的“太阳 2”和“太阳倒影 2”图层。将“当前时间指示器”移动到第 25 帧之后，将“太阳倒影 2”图层里的【效果】属性组剪切复制到“太阳 2”图层，这样，“波纹变形”效果就作用到了水面上方的“太阳 2”图层。

接着把“水纹”图层全部选中，拖动到第 50 帧的位置，如图 7-11 所示。

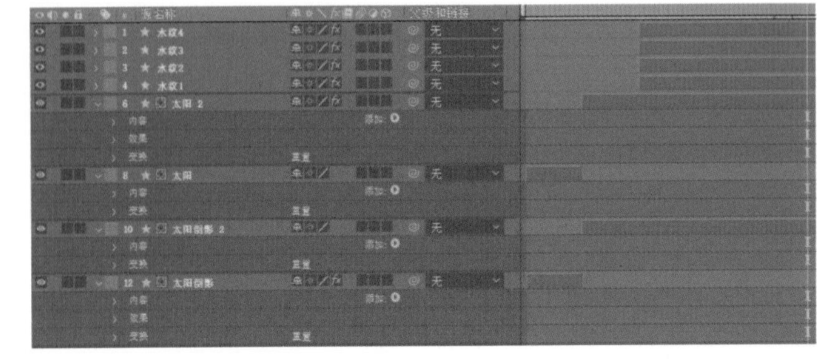
图 7-11

回到“动态插画”合成，在“日出动画 2”合成，点击快捷键 R 键打开图层的【旋转】属性，先在时间线第 153 帧和第 177 帧的位置打上关键帧，修改属性参数为：第 155 帧是（1x，0°），第 177 帧是（0x，-180°）。并在原始的“日出动画”图层，点击快捷键 T 键打开图层的【不透明】属性，先在时间线第 150 帧和第153帧的位置打上关键帧，修改属性参数为：
第 150 帧是 100%，第 153 帧是 0%。

至此，日出动画的 180° 旋转动画就制作完成了，如图 7-12 所示。

图 7-12

第三步：绘制径向擦除动画。

首先用【椭圆工具】配合 Shift 键，在合成中心绘制一个正圆，重命名为“径向擦除 1”。填充颜色为 #FCD6D9，无描边。执行【效果】→【过渡】→【径向擦除】命令，首先将图层的【效果】下的【径向擦除】属性组的“擦除中心”与正圆形的中心一致，然后找到【过渡完成】和【起始角度】属性，在时间线第 150 帧、第 175 帧和第 185 帧的位置打上关键帧，修改属性参数为：第 150 帧“过渡完成”是（99%）和“起始角度”是（0x，90°），第 175 帧“过渡完成”是（65%）和“起始角度”是（0x，34°），第 185 帧“过渡完成”是（99%）和“起始角度”是（0x，-89°）。

将“径向擦除 1”图层复制两层，分别是“径向擦除参数 2”图层、“径向擦除 3”图层，找到并更改【缩放】和【填充颜色】。具体参考：“径向擦除 2”图层【缩放】属性参数修改为（50.0,50.0%），填充颜色修改为 #B2F7C。“径向擦除 3”图层【缩放】属性修改为（70.0,70.0%），填充颜色修改为 #FFAE00。效果如图 7-13 所示。

第四步：绘制转场跟随动画。

将“径向擦除 1”图层再复制一层，重命名为“跟随动画 1”，无填充，描边颜色为 #FF0000。

在图层内容右边添加【修剪路径】命令，然后找到【修剪路径】属性组的【开始】和【结束】和【偏移】属性，在时间线第 150 帧、第 175 帧和第 185 帧的位置打上关键帧，属性参数修改为：第 150 帧【开始】（78%）、【结束】（78%）、【偏移】（0x，0.0°），第 175 帧【开始】（68%）、【结束】（22%）、【偏移】（0x，-89°），第 185 帧【开始】（0.0%）、【结束】（0.0%）、【偏移】（0x，-89°）。效果如图 7-14 所示。

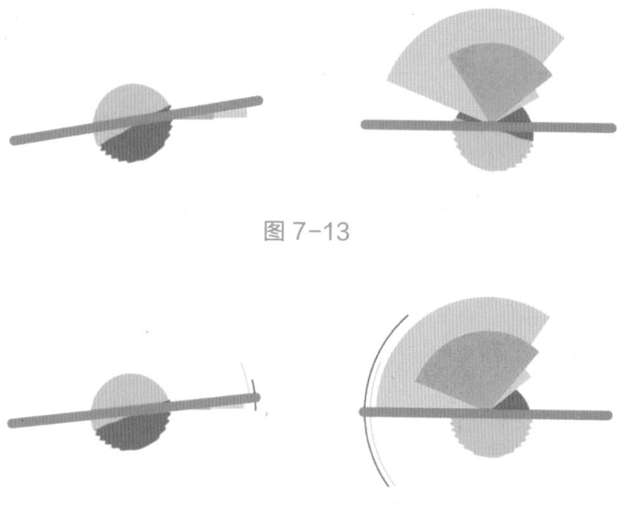
图 7-13

图 7-14

第五步：关联父子级动画。

将“广州城市印象”合成拖放至时间轴，在“日出动画”合成的上方。

将“广州城市印象”合成父子级到“转场”图层，再将【缩放】属性参数改成（100.0，-100.0%），【旋转】属性参数修改成（0x，+180°）。这样“广州城市印象”合成跟随转场动画旋转了。

（3）制作城市场景生长动画。

第一步：准备工作。

双击鼠标左键打开“广州城市印象”合成，然后使用【锚点工具】，将中心点调整到每一个物体的底部居中位置。

第二步：绘制生长动画。

在“广州城市印象”合成内，全选所有图层，点击快捷键 P 键打开所有图层的【位置】属性，先在时间线第 1 帧和第 25 帧的位置打上关键帧，将“当前时间指示器”放在第 1 帧的位置，然后在【合成】面板全选所有图形元素，将所有图形元素往下移动原有素材 1/4 的高度。

继续全选所有图层，点击快捷键 S 键打开所有图层的【缩放】属性，先在时间线第 1 帧和第 25 帧的位置打上关键帧。将“当前时间指示器”放在第 1 帧的位置，然后全选所有图层，将所有的图层的【缩放】属性参数改为（0.0　0.0%）。

为了配合生长动画，将“日出动画 2”合成制作放大效果的动画，点击快捷键 S 键打开图层的【缩放】属性，先在时间线第 177 帧和第 225 帧的位置打上关键帧，修改属性参数为：第 177 帧是（80.0，80.0%），第 225 帧是（150.0，150.0%）。

第三步：为生长动画添加“惯性回弹效果”。

这一步骤需要使用 Motion 2 脚本的“EXCITE”功能来实现，全选所有图层的【位置】属性和【缩放】属性的关键帧，点击 EXCITE，可以做出惯性回弹效果，点击【效果控件】可以调整回弹力道、次数等，如图 7-15 所示。

图 7-15

小贴士：“惯性回弹效果”也可以手动在时间线内创建关键帧完成，但这样做既浪费时间，有可能效果还不理想，使用“EXCITE”功能，可以快速实现，既方便还可以节约制作时间，如图 7-16 所示。

图 7-16

第四步：调整元素的起始时间。

为使画面动画错落有致，修改每一个图层的第 1 帧出现的时间，单击时间线然后往后拖动，使每一个元素的起始时间都不一致，如图 7-17 所示。

（4）制作“广州城市印象”合成倒影效果。

第一步：倒影效果。

回到“动态插画”合成内，复制“广州城市印象”，重命名“广州城市印象倒影”，拖动到“广州城市印象”合成层下方，再将“缩放”属性参数改成(100.0，100.0%)。这样“广州城市印象倒影”就跟随“广州城市印象”动画反方向出现了。

图 7-17

第二步：添加波纹变形效果。

找到“日出动画”合成中的太阳倒影，打开图层，找到【效果】属性组，使用快捷键 Ctrl+C 复制，然后点击“广州城市印象倒影”合成图层名称，使用快捷键 Ctrl+V 将【效果】属性组粘贴到“广州城市印象倒影”合成图层中。

至此，“广州城市印象”合成倒影效果就制作完成了。按空格键预览动画效果，如图 7-18 所示。

图 7-18

（5）渲染发布动画。

确认无误后，执行【编辑】→【添加到渲染队列】命令，会弹出【渲染队列】面板，选择“QuickTime”格式，渲染快，最后选择视频输出到的电脑地址即可。

三、学习任务小结

通过本次课的学习，同学们已经初步了解了动态插画的制作方法，对 MG 动画制作基础知识有进一步的认识。同学们课后需要复习本次课所学的知识点，做学习总结笔记，查阅国内外优秀的动态图形作品案例，并根据自己所学知识，对案例进行分析和临摹。通过多看拓宽眼界，通过多思提高专业知识技能，通过多练全面提升自己的动画制作能力。

四、课后作业

（2）完成本次课的总结笔记。

（2）完成本次课的课后测试。

（3）收集和整理 5 个国内外优秀的动态插画作品，并选择其中两个进行动画临摹。

角色动画设计

教学目标

（1）专业能力：能使用 AI 软件辅助、父子级链接、RubberHose 脚本等多种方法制作人物角色走路、跑步动画；能掌握父子级链接、RubberHose 脚本等的软件操作技巧；能根据案例实训完成卡通人物走路和跑步制作，并举一反三，完成走路和跑步等类型的拓展动画制作。

（2）社会能力：能了解 MG 动画中人物角色肢体动画的制作思路，以及不同类型角色动作的制作技巧；能根据制作角色动作的需求和最终作品效果，分析并选择合适的软件工具并完成制作；能使用快捷键，加快角色动作动画制作速度。

（3）方法能力：能课前主动预习，课堂上能认真倾听，多做笔记；实训中能多问、多思考、勤动手；课堂上主动承担小组活动，相互帮助；课后在专业技能上主动进行拓展实践。

学习目标

（1）知识目标：能够掌握 AE 软件中卡通人物走路和跑步动画制作的多种方法，了解 MG 动画中人物角色动画的制作思路。

（2）技能目标：能够掌握父子级链接、RubberHose 脚本等的软件操作技巧，能制作卡通人物走路和跑步动画。

（3）素质目标：能够用动画理论知识，把握好动画时间节奏，制作真实的动画效果，培养自己的动画制作能力。

教学建议

1. 教师活动

（1）课前利用慕课、在线微课等多种途径，引导学生完成理论知识学习。

（2）在课堂上教师通过讲授、案例展示、上机操作演示结合课堂提问和案例分析，通过软件操作技巧讲解和实战设计案例的分析与讲解，启发和引导学生的设计思维，培养学生对本课程的学习兴趣，锻炼学生的自我学习能力。

2. 学生活动

（1）课前根据教师引导，学生利用慕课、在线微课等多种途径完成理论知识学习。

（2）学生在课堂倾听老师的讲解，观看教师软件操作演示，小组讨论软件操作技巧并独立完成案例制作，掌握动画制作方法和软件操作方法。

（3）课后能回顾课程知识技能点，并展开拓展，举一反三，思考 MG 动画中人物角色动画的多种制作方法。

一、学习问题导入

在 MG 动画片中，人物动画出现在动画片中的频率是最高的，动物或其他角色在动画片中大多数也是模拟人的行为动作来进行表现的。因此，深入研究和掌握人物动作的基本规律，是每个动画从业人员必备的技能之一，动画制作人员都需掌握人的运动规律，否则就无法制作出好的动画。

本次学习任务主要通过卡通人物的走路和跑步两个项目案例，根据人物走和跑的逐帧动作分解来讲述人物的运动规律，学习 MG 动画中人物动作的设计制作，以及制作此类动画的软件操作技巧。每个案例通过案例制作步骤，从制作思路、动画运动理论知识、After Effects 软件操作技巧、动画制作步骤这几个方面，着重讲解走和跑的运动规律、制作动画的软件操作技巧、软件快捷键使用、动画运动规律等理论和技能，用任务驱动法和项目案例法，充分发挥学生自主学习的主动性，由易到难，由简单到复杂，螺旋上升式展开学习。

二、学习任务讲解和技能实训

1. 实训案例一：卡通人物走路动画

动画运动理论知识：因人物角色造型和动画风格的不同，走或跑的动作也有许多画法，其中的差别在于人物的造型、比例、表演情绪及性格特质不同。

本案例仅仅使用 After Effects CC 2019 软件进行制作，不使用外部脚本和插件。完成走跑动作的顺序是：先制作人物的高低位置（运动轨迹），再完成脚的动作和轨迹，然后完成手的摆动，最后是中割较相近或不太变化的部分，如头部和躯干部分，如图 7-19 所示。正常情况下，人走完一步大概用 1 秒钟时间。

（1）导入素材。

打开 After Effects CC 2019。方法一：执行【文件】→【导入】→【文件】命令，在打开的窗口中找到“木头人 - 侧面”素材文件，点击【导入】按钮。在弹出的面板中，选择导入种类为“合成”，素材尺寸为“图层大小”。点击【确定】按钮后，AI 文件会以合成的形式出现在【项目】面板，如图 7-20 所示。执行【合成】→【合成设置】命令，将持续时长设置成 8 秒。执行【文件】→【保存】命令，保存文件名为“卡通人物走路动画”，点击【确定】按钮。

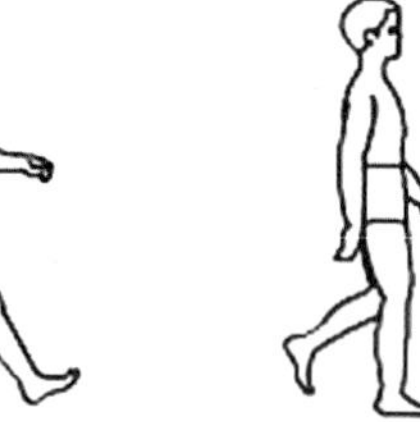

图 7-19

方法二：在【项目】面板中空白处单击鼠标右键，选择【导入】→【文件】命令，在打开的窗口中找到“木头人 - 侧面”文件，点击【导入】按钮。在弹出的面板中，选择导入种类为“合成”，素材尺寸为“图层大小”。点击【确定】按钮后，AI 文件会以合成的形式出现在【项目】面板。

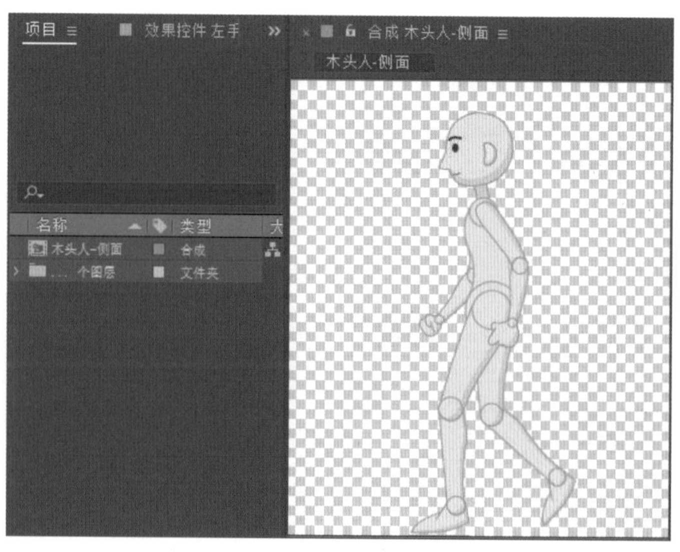

图 7-20

在【项目】面板用鼠标左键双击“木头人 - 侧面”合成，在时间轴打开，全选所有的 AI 图层，点击鼠标右键选择【创建】→【从矢量图层创建形状】命令，将矢量图层转换成形状图层，如图 7-21 所示。为了便于图层管理，AI 图层可以直接删除。

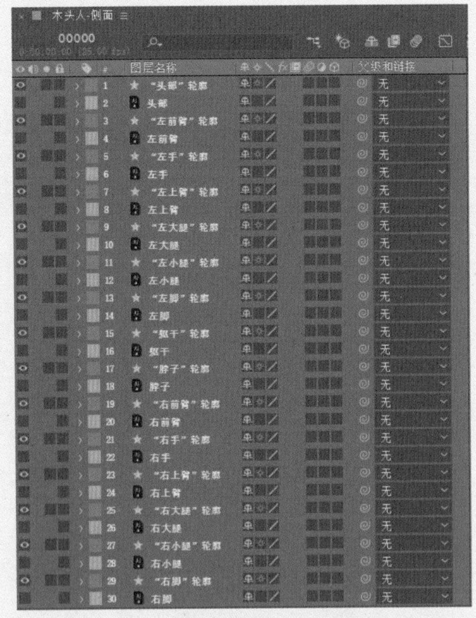

图 7-21

（2）制作走路动画。

第一步：调整中心点位置。

首先使用工具栏中的【锚点工具】将中心点位置调整到人物的骨骼关节处，以及角色需要制作动画的位置。例如：头部的中心点放置在与脖子连接的位置，脖子的中心点放置与肩膀连接的位置，上臂的中心点放置在与肩点连接的位置，前臂的中心点放置在与手肘连接的位置，手的中心点放置在与手腕连接的位置，大腿的中心点放置在与臀部连接的位置，小腿的中心点放置在与膝盖连接的位置，脚的中心点放置在与脚踝连接的位置，如图 7-22 所示。

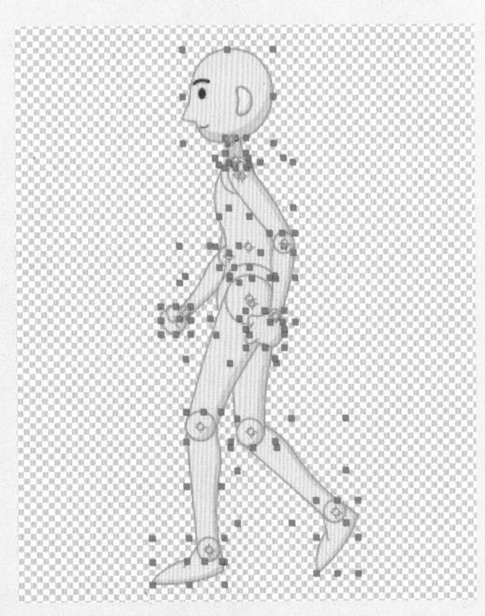

图 7-22

第二步：建立父子级关系。

人类躯干连接头部和四肢，上肢和下肢都由三个部分组成，上肢有上臂、前臂、手，下肢有大腿、小腿和脚，实际的运动是由上臂带动前臂和手运动，或者大腿带动小腿和脚运动，按照这个思路给人物角色建立父子级关系。添加父子关系有如下两种方法。

方法一：直接点击子级图层的【父级关联器】，拖动到父级图层即可，如图 7-23 所示。

方法二：点击子级图层右侧的【父级和链接】选框，在下拉菜单中找到所对应的父级图层，如图 7-24 所示。

第三步：制作原地踏步的走路动画。

在制作人物角色走时，通常先制作原地踏步的走路动画，再将动画转成合成文件，制作位移动画。制作分为以下步骤。

首先，全选所有图层，分别点击快捷键 P 键和快捷键 R 键，打开每个图层的【位置】和【旋转】属性，并在第 1 帧的位置创建关键帧。接着点击快捷键 U 键，只显示有关键帧的【位置】和【旋转】属性层。

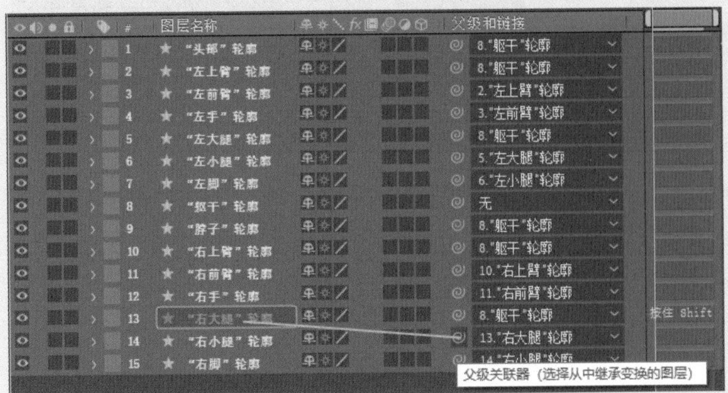

图 7-23

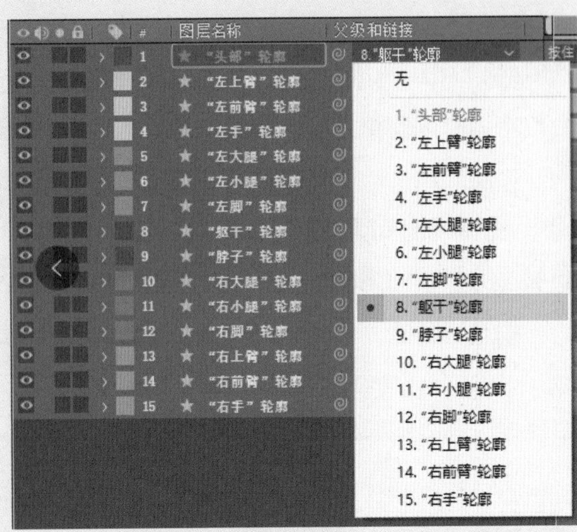

图 7-24

在第 1 帧的位置，参考图 7-25 中“1”的人物动态，利用【旋转】属性将人物角色调整成向前跨步走的状态。然后在第 50 帧打上关键帧，这样做可以确保动画首尾循环播放。

然后继续在第 25 帧打上关键帧，参考图 7-25 中“3”的人物动态，利用【旋转】属性调整人物角色的手臂和腿部的摆动方向，实现与第 1 帧相反的四肢运动效果。

接着将“当前时间指示器”放在第 13 帧的位置，参考图 7-25 中“2”的人物动态，制作人物运动轨迹的最高位置（踩在地上的那只脚向上推进，而使移动的脚离地向前，因此形成运动轨迹的最高点）。将“躯干”图层位置向上移动，因为建立了父子级关系，所以其他肢体会自动上移，然后再完成脚的动作和轨迹，最后完成手的摆动。完成后设置脚底和头顶的参考线，用来参考运动轨迹的高低位置。

将“当前时间指示器”放在第 37 帧的位置，选择第 13 帧的“躯干”图层关键帧，直接复制。参考图 7-25 中“4”的人物动态，利用【旋转】属性调整人物角色的手臂和腿部的摆动方向，实现与第 13 帧相反的四肢运动效果。

至此，原地踏步的走路动画就制作完成了。点击鼠标左键选中所有关键帧，按 F9，将线性关键帧改为缓动关键帧，然后，按空格键预览动画效果。

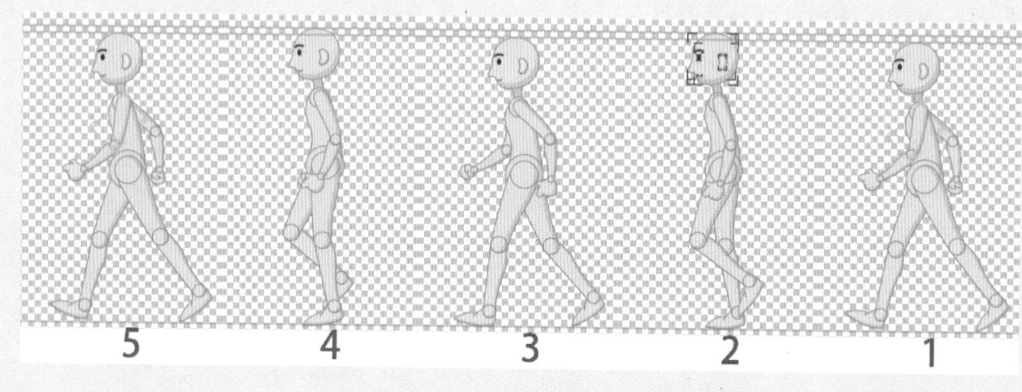

图 7-25

（3）制作位移走路动画。

真实的走路的动画还需要有位置的移动，可以将走路动画转化成合成后，利用表达式添加循环效果来实现。制作分以下步骤：

第一步：制作循环动画。

按住 Ctrl+A 选中所有图层，点击鼠标右键找到【预合成】（快捷键：Ctrl+Shift+C），在弹出的【预合成】面板中勾选【将合成持续时间调整为所选图层的时间范围】，如图 7-26 所示。

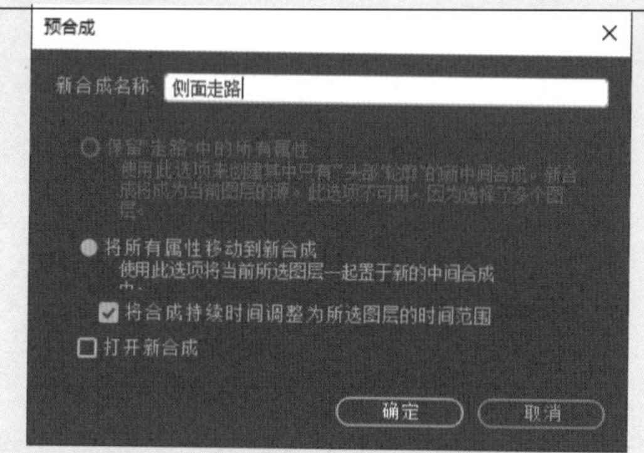

图 7-26

在时间轴选中“侧面走路”图层，点击鼠标右键执行【时间】→【启用时间重映射】命令（快捷键：Ctrl+Alt+T）。此时，图层添加了时间重映射属性，并且在时间线的第 1 帧和最后 1 帧都添加了关键帧。

按住 Alt 键，同时点击【时间重映射】属性前面的秒表，打开表达式选项，在时间线输入代码：loopOut("Cycle")。至此，走路动画就实现了无限循环。（时间多长就循环多久，若需要更长的走路时间，直接把时间线拖长即可。）

第二步：制作位移动画。

打开“侧面走路”的图层的【变换】属性，分别在第 1 帧和最后 1 帧打上关键帧，制作人物角色从右向左移动的动画效果。注意，向左移动时要估算好人物的走路跨步距离，不能太多，也不能太少，否则最终动画会出现滑步等不真实的效果。

（4）渲染输出。

确认无误后，执行【编辑】→【添加到渲染队列】命令，会弹出【渲染队列】面板，选择“QuickTime”格式，渲染快，最后选择视频输出到的电脑地址即可。

2. 实训案例二：卡通人物跑步动画

本案例使用 After Effects 的 RubberHose 脚本进行制作。RubberHose 完整教程这里不作详细说明，仅仅通过本案例帮助同学们体验脚本创建角色动画的乐趣。正常情况下，人走完一步大概用 1 秒钟时间。

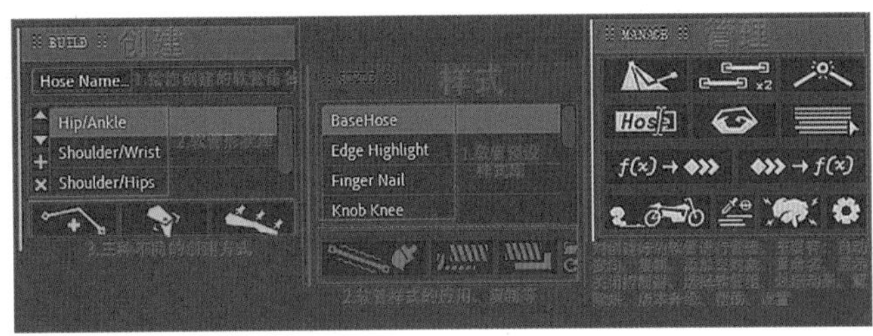

图 7-27

动画制作步骤如下。

（1）导入素材。

RubberHose 脚本创建肢体的类型有 Shoulder/Wrist（肩 / 腕）、Hip/Ankle（臀部 / 脚踝）、Shoulder/Hips（肩部 / 臀部）三种，如图 7-27 所示。所以使用 RubberHose 脚本制作角色动画，只需要在 PS 或 AI 软件中绘制出角色的头部、躯干和手脚即可，如图 7-28 所示。将“女生 - 侧面跑步”文件导入 After Effects 中，方法和案例一相同。

执行【合成】→【合成设置】命令，修改合成的持续时长为 8 秒，背景白色。执行【文件】→【保存】命令，保存文件名为“卡通人物走路动画”，点击【确定】按钮。

（2）创建四肢。

第一步：调整手脚的中心点位置。

使用【锚点工具】将中心点位置调整到人物头部、躯干和手脚的关节衔接处。

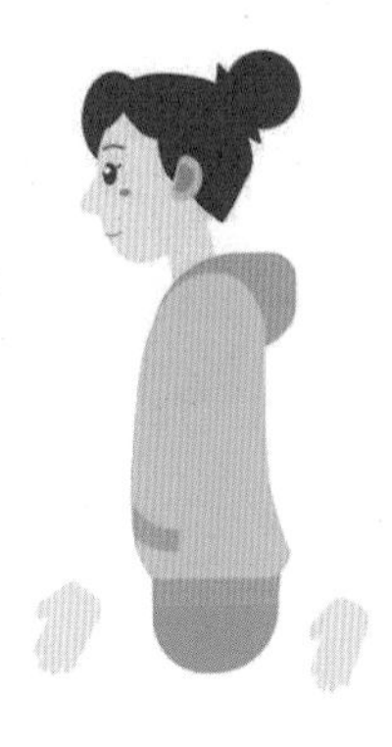

图 7-28

第二步：创建手臂。

点击 RubberHose 脚本的【创建】面板，选择 Shoulder/Wrist（肩 / 腕），然后点击“New rubberhose（新橡皮管）”图标，合成面板就生成一个手臂。这个弯曲肢体有三个新的图层：手腕控制器（Hose 1::Wrist）、肩膀控制器（Hose 1::Shoulder），以及橡皮管（Hose1），重命名为“Hose1 左臂”，也就是左手臂本身。这个橡皮管上端是肩膀，连接到躯干，下端是手腕，连接到手掌，只需橡皮管上下端添加父子级到躯干和手脚相对应的位置即可，如图 7-29 所示。

选择“Hose 1::Wrist”图层，可以在【效果控件】面板中调整该橡皮管的参数，比如长度、弯曲度、左向弯曲、右向弯曲等，如图 7-30 所示。

然后打开“Style”（样式），找到“Tracksuit”（运动服）样式，然后点击“Apply style”（应用样式）图标，给这个手臂添加运动服的样式，如图 7-31 所示。选择“Hose1 左臂”图层，可以在【效果控件】面板调整“运动服”样式的手臂粗细、衣服颜色、花纹颜色和手臂颜色，如图 7-32 所示，最好每一个选项都试一试，就会直观体会到使用方法。

图 7-29

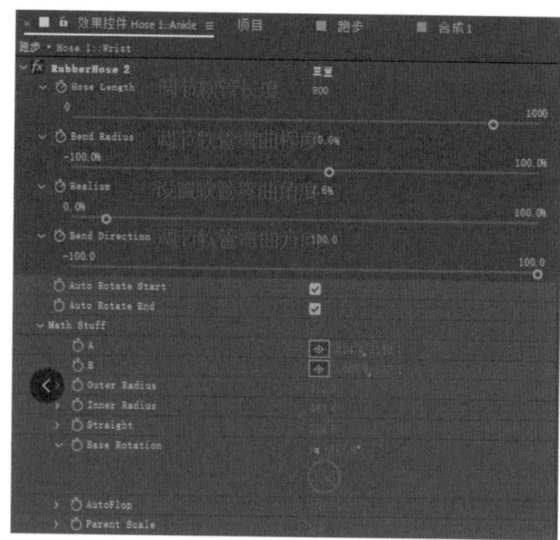

图 7-30

按照这个制作思路，进行右手臂的创建，直至完成角色的手臂的创建。需要注意的是，我们能看到的是右手臂的内侧，使用时需要手动删除掉右手臂上的条纹，具体参见图 7-33。

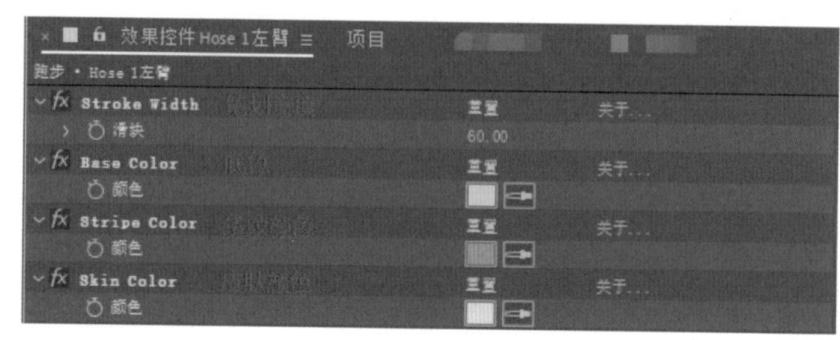

图 7-31

图 7-32

图 7-33

第三步：创建腿部。

点击 RubberHose 脚本的【创建】面板，选择 Hip/Ankle（臀部 / 脚踝），然后点击“New rubberhose（新橡皮管）”图标，合成面板就生成一条腿。这个弯曲肢体有三个新的图层：脚踝控制器（Hose 3::Ankle）、臀部控制器（Hose 3::Hip），以及橡皮管（Hose3），重命名为“Hose3 左腿”，也就是左腿本身。这个橡皮管上端是臀部，连接到躯干，下端是脚踝，连接到脚，只需橡皮管上下端添加父子级到躯干和手脚相对应的位置即可。

参考手臂的制作思路，选择“Hose 3::Ankle”图层，可以在【效果控件】面板中调整该橡皮管的参数，比如长度、弯曲度、左向弯曲、右向弯曲等。

然后打开“Style”（样式），找到“Tightpants”（紧身裤）样式，然后点击“Apply style”（应用样式）图标，给这条腿添加了紧身裤的样式。选择“Hose 3 左腿”图层，可以在【效果控件】面板调整“紧身裤”样式的大腿粗细，裤子颜色，裤脚高低、宽度、颜色和腿部颜色。按照这个制作思路，进行右腿的创建，直至完成角色的腿部的创建，如图 7-34 所示。最后检查角色各个肢体间的父子级关系，直至完成。

（3）制作动画。

根据案例一的制作思路，首先制作原地跑步动画，再将动画转成合成文件，制作位移动画，如图 7-35 所示。

图 7-34

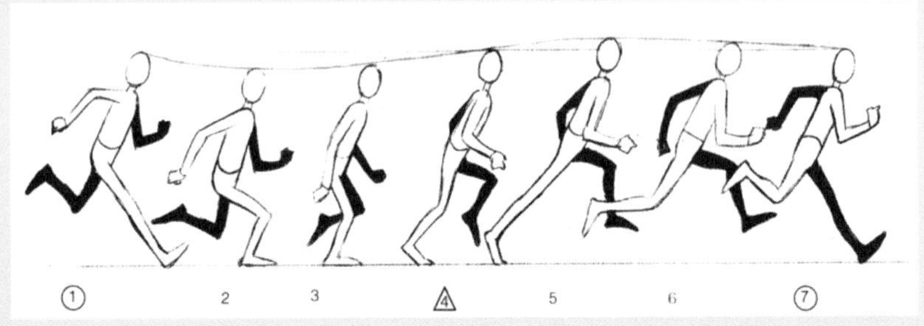

图 7-35

制作分为以下步骤。

① 全选所有图层，分别点击快捷键 P 键和快捷键 R 键，打开每个图层的【位置】和【旋转】属性，并在第 1 帧的位置创建关键帧。接着点击快捷键 U 键，只显示有关键帧的【位置】和【旋转】属性层。

在第 1 帧的位置，参考图 7-36 中“1”的人物动态，利用【位置】和【旋转】属性将人物角色调整成向前跨步走的状态。然后在第 25 帧打上关键帧，这样可以确保动画首尾循环播放。

② 继续在第 13 帧打上关键帧，参考图 7-36 中“4”的人物动态，利用【位置】和【旋转】属性调整人物角色的手臂和腿部的摆动方向，实现与第 1 帧相反的四肢运动效果。

③ 将“当前时间指示器”放在第 4 帧的位置，参考图 7-36 中“2”的人物动态，利用【位置】和【旋转】属性制作人物运动轨迹的最低位置（踩在地上的那条腿膝盖弯曲下蹲，另一条腿膝盖弯曲，脚向后抬起，形成运动轨迹的最低点）。将“躯干”图层，位置向下移动，调整好脚的动作和轨迹，然后双臂自然弯曲，在身体两侧。完成后设置脚底和头顶的参考线，用来参考运动轨迹的高低位置。

④ 将“当前时间指示器”放在第 9 帧的位置，参考图 7-36 中“3”的人物动态，利用【位置】和【旋转】属性制作人物运动轨迹的最高位置（人类跑步的时候，会有双脚离开地面的状态，双腿大跨步腾空，形成运动轨迹的最高点）。将“躯干”图层，位置向上移动，调整好脚的动作和轨迹，然后双臂也是前后摆动的最大幅度。

⑤ 将“当前时间指示器”放在第 17 帧的位置，选择第 4 帧的“躯干”图层关键帧，直接复制。参考图 7-36 中“5”的人物动态，利用【位置】和【旋转】属性调整人物角色的手臂和腿部的摆动方向，实现与第 4 帧相反的四肢运动效果。

⑥ 将“当前时间指示器”放在第 21 帧的位置，选择第 9 帧的“躯干”图层关键帧，直接复制。参考图 7-36 中“6”的人物动态，利用【位置】和【旋转】属性调整人物角色的手臂和腿部的摆动方向，实现与第 9 帧相反的四肢运动效果。

至此，原地跑步动画就制作完成了。点击鼠标左键选中所有关键帧，按 F9，将线性关键帧改为缓动关键帧 ，然后，按空格键预览动画效果。

图 7-36

小贴士：需要注意的是，在跑步关键帧上调整四肢动态的时候，有可能出现手臂和腿部比例失调的现象，这个时候需要使用每个肢体的“结束点控制器”图层，在【效果控件】面板中调整该橡皮管的参数，比如长度、弯曲度、左向弯曲、右向弯曲等，使四肢看起来比例自然。

（4）制作位移跑步动画。

制作有位置移动的跑步动画，制作步骤和案例一里面的制作位移走路动画是一致的，这里不再赘述，还没有掌握的同学请参看案例一的这一步骤。

（5）渲染输出。

确认无误后，执行【编辑】→【添加到渲染队列】命令，会弹出【渲染队列】面板，选择“QuickTime”格式，渲染快，最后选择视频输出到的电脑地址即可。

三、学习任务小结

通过本次课的学习，同学们已经初步了解了角色走路跑步的制作方法，对 MG 动画制作基础知识有进一步的认识。同学们课后需要复习本次课所学知识点，做学习总结笔记，查阅国内外优秀的动态图形作品案例，并根据自己所学知识，对案例进行分析和临摹。通过多看拓宽眼界，通过多思提高专业知识技能，通过多练全面提升自己的动画制作能力。

四、课后作业

（1）完成本次课的总结笔记。

（2）完成本次课的课后测试。

（3）收集和整理 5 个国内外优秀的人物运动作品，并选择其中两个进行动画临摹。

学习任务三的内容见二维码

参考文献

[1] 拉塞尔 · 陈 . Adobe Animate CC 2019 经典教程 [M]. 北京 : 人民邮电出版社，2018.

[2] 文杰书院 . Flash CC 中文版动画设计与制作 [M]. 北京 : 清华大学出版社，2017.

[3] 李雪妍 . MG 动画实战从入门到精通 [M]. 北京 : 机械工业出版社，2019.

[4] 刘旭光 , 王丹丹，沈洋 . 中文版 Flash CS6 动画制作案例教程 [M]. 镇江 : 江苏大学出版社，2019.

[5] 胡国钰 . Flash 经典课堂——动画、游戏与多媒体制作案例教程 [M]. 北京 : 清华大学出版社，2013.